自 然 文 库

Nature Series

Stien tilbake til livet

Om sopp og sorg

寻径林间

关于蘑菇和悲伤

［挪威］龙·利特·伍恩 著

傅力 译

据书吏出版社（Scribe Publications）2019 年英译本译出

永恒纪念

艾尔夫·奥尔森（1955—2010）

寂静围绕着小船，寂静

如同星星，当大地和人类的话语被解开时，

思绪和梦想被遗忘。

我把桨放在船舱里，

把它们浸在水里，然后举起来。听。

海水中的点点滴滴，

固化成了宁静。慢慢地，向着另一个太阳，

我在迷雾中掉转小船：生命

茂密而虚无。划呀，

划。

——科尔贝·佛凯德[①]《另一个太阳》

① Kolbein Falkeid，1933—2021，挪威当代著名诗人。

目录

前言

这本书最初的书名叫作 *Soppdagelse*，是挪威语中真菌（sopp）和发现（opddagelse）两个词语的结合。所以，这本书讲的是一个人类学家探索蘑菇世界的旅程，以及在这个过程中遇见的那些令人着迷的真菌和蘑菇采集者的故事。当我陷入黑暗的绝境时，真菌学给我的生活重新带来了乐趣和意义。正是这种对蘑菇的兴趣和寻觅蘑菇的爱好，帮助我在丈夫意外去世后重新找到了回归生活的道路。在写这本书的过程中，我总是在想，应该在哪个篇章提起我的丈夫？我应该在前言中提到他的死亡吗？当我开始写本书第二章《次优死亡》内容的那一刻，这本书整体的概念被完全改变了。我对真菌世界的探索和我在悲伤的旷野中来回徘徊的联系成为了书中最有趣的故事。所以这本书讲述了两个平行的旅程：一个是外部的，进入蘑菇的王国；另一个是内部的，领略内心哀伤的景致。

对我来说，写作过程中的某些阶段必然是孤独的，需要长时间独自工作，而其他一些阶段则依赖于那些我所深信的朋友的反馈。因此，我在这里要感谢奥德·科尔布尔、本特·海伦斯达特·佩特森、贝里特·伯格、古德莱夫·福尔、哈迪亚·塔吉克、汉娜·默斯塔、汉娜·索恩、克劳斯·赫兰、约斯·贝埃、乔恩·利登、乔恩·马丁森·斯特兰德、乔恩·特里格夫·蒙森、拉尔斯·迈尔斯塔德·克林根、玛丽·芬内斯、尼娜·Z. 约尔斯塔德、蒂德曼斯图作家小组、奥莱·扬·博尔贡德、奥利弗·史密斯、奥塔尔·布罗克斯、鲁纳尔·克里斯蒂安森和奥斯塔·奥夫雷加德的付出。非常感谢大家提供宝贵的帮助，以及对我说的那些鼓励的话语！我也非常感谢挪威文化历史博物馆的挪威民族学研究会（NEG）和奥斯陆大学的民族学图书馆在真菌学领域所给予我的不可或缺的帮助。还要感谢挪威非虚构作家和翻译家协会在一开始为我提供了一笔资助，没有这笔资助，这本书就不可能出版。我也非常感谢真菌学专家莱夫·里瓦尔登教授和格罗·古尔登教授的建议。

这本书也是为了纪念我的丈夫,感恩我们在一起度过的美好时光。

龙·利特·伍恩

于　罗登洛肯·奥洛特蒙特[1]

2017 年 5 月

---

① 奥斯陆最大、最古老的公共花园。

一菇一乐，两菇双乐

这个故事讲述的是一段旅程，开始于我的生活被颠覆的那一日。那一天艾尔夫像往常一样去工作，却再也没能回家。我所熟悉的生活在那一瞬间突然消失了，整个世界天翻地覆。

他的离去让我悲痛欲绝，这种悲痛把我撕碎，但我却不想依靠止痛药来减轻这种悲痛。我生生地忍受着每一分的痛苦，因为这证明我的丈夫曾经是那样鲜活地存在，我不想连这种印记也跟着他的身体一起消失。

我变得六神无主。曾经的我总是习惯一切尽在掌握中，喜欢牢牢地控制所有。但是，主心骨消失了，我发现自己身处未知的领域，像一个彷徨的流浪者，游荡在陌生的土地上。这里能见度很低，我既没有地图，也没有指南针。哪条路向前，哪条路向后？我应该从哪个角落开始启程？我又应该把脚放在哪里？

唯有黑暗。

令我惊讶的是，我碰巧在最意想不到的地方找到了这些问题的答案。

天气潮湿，空中下着小雨，从奥斯陆植物园高大的古树上落下的枯叶开始发霉。毫无疑问，夏天温暖的日子过去了，一个冷飕飕的季节开始侵蚀生活。我在别人的推荐下报了一门课，这是我和艾尔夫计划要做但一直没去做的事。因此，一个秋天的夜晚，我在奥斯陆大学自然历史博物馆的地下室里，与它们不期而遇。

那时候我走路非常小心，因为就在艾尔夫的葬礼之后，我扭伤了脚踝。事故发生后，我非常害怕摔倒。有人告诉我，脚踝骨折需要很长一段时间才能痊愈，但我不知道一颗破碎的心是否能再次变得完整，如果可以，会需要多长时间呢？没人能告诉我。

悲伤慢慢地侵蚀着我，吞噬了一切。

丧亲的心理过程并非是线性的，而是断断续续的，其间发生着不可预见的转折。

如果一开始有人告诉我蘑菇将成为我的救生索，帮助我重新站起来，让我真正重回到生活的轨道，我会翻他一个白眼，心想：蘑菇和悲伤能有什么关系？

但正是在开阔的林地里，在长满青苔的地上，我偶然发现了正在寻找的东西。我对蘑菇王国的探索渐渐变成了内心中的一场漫步。身体的旅行很费时，心灵的旅程也是如此，充满了动荡和挑战。对我来说，对真菌领域的探索不断地把我从悲伤的隧道中推出来。它减轻了我的痛苦，成为我走出黑暗的灯塔。它为我提供了新的视角，并引导我一点一点重新站立起来。后来我才明白，在我需要的时候，蘑菇是我的救命稻草，而蘑菇和悲伤这两个看似无关的话题，其实是可以联系起来的。这就是这本书的主题。

因此，我最好从蘑菇的初级课程开始写起。

初学者的蘑菇

很多人报名参加了这个课程，有些人正值年少青春，也有正在发掘新爱好的中年人。他们来自城市的各个角落，仿佛这件事是奥斯陆位于西面的富人区和东面平民区共同的爱好。作为一名社会学家，我觉得这个现象很有趣。我们倾向于把社会的某些阶层与特定的运动或爱好联系起来。一些休闲活动具有明显的中产阶级色彩，另一些则被视为另一个社会经济群体的领域。尽管挪威人很看重他们作为一个平等国家的形象，但是在奥斯陆，你不必成为人类学家就可以看出这种现象。挪威人会选择一张印有 1973 年奥拉夫五世国王购买去霍尔门科伦滑雪场的火车票的照片作为他们国家的宣传照，但事实上很少有君主会乘坐公共交通出行，挪威王室出门通常也不喜欢乘坐公共汽车或火车。

研习蘑菇的团体中没有阶级之分，这一点立刻吸引了我。我成为团体中的一员已经有一段时间了，但仍然不知道我遇到的那些爱好者们在日常生活中扮演着什么角色。关于真菌的讨论排挤了其他一切，宗教和政治等琐碎的事情必须退居次要地位。并非蘑菇爱好者之间没有等级制度，这个团体中也有英雄和恶棍，有不成文的规则，有足够的空间让感情高涨或发生冲突。尽管我一开始并没有注意到，但像所有其他社群一样，蘑菇爱好者也代表了整个社会的一个缩影。

蘑菇会让我们产生迷恋和恐惧：它们会带来感官上的愉悦，但致命毒性的威胁却潜伏在我们的背后。不仅如此，有一些蘑菇会长出蘑菇圈，另一些则可以作为致幻剂。深入研究历史后你会发现，古往今来，人们总是对真菌非常着迷。它们没有根，没有可见的种子，然而却会在一场大雨或雷雨之后突然冒出来，简直就像大自然中未被驯服的力量的化身。一些蘑菇有民间俗称，例如“巫婆的蛋”“魔鬼的瓮”或“杰克灯笼”[①]，表明这些蘑菇曾经被视为带有异教的神秘气息。

对一些人来说，对真菌的兴趣是由于它作为生态系统中分解者角色的一种迷恋，另外还有一些人对它们的药用价值感兴趣。关于蘑菇在癌症治疗中的应用研究有很多正面的报道。挪威利用在哈丹格尔维达高原发现的肿弯颈霉（*Tolypocladium inflatum*）对医学做出了贡献，这种真菌的提取物是器官移植中不可或缺的药物。有些人认为蘑菇可以产生神奇的效果，比如吃白鬼笔（*Phallus impudicus*）和蛇头菌（*Mutinus ravenelii*）具有壮阳的功效。手工艺品爱好者也已经把真菌作为羊毛、亚麻和丝绸染料的新来源。对于自然摄影师来说，菌类呈现出了丰富多彩的形貌。蘑菇不仅有常规的棕色和白色，而且有各种难以想象的形状和颜色。它们可能是矮胖而富有弹性的，或是可爱而优雅的，或是精致而透明的。有些壮观而奇异，看起来就像来自另一个星球；有些甚至会发光，在夜幕降临时可以照亮森林里的小路。

不过，我认识的大多数有兴趣学习蘑菇的人是因为他们喜欢吃野生蘑菇。尽管人们做出了不懈的努力，但一些最受欢迎的蘑菇至今依旧无法进行人工种植。大多数对蘑菇不太了解的人反复问的问题只有一个，那就是：“这个能吃吗？”

开设这门课程的机构拥有一个古老的名字——大奥斯陆真菌和有

---

① 用甜菜或南瓜雕成的灯笼，通常刻有像怪物笑脸般的图案，在万圣夜的时候放进点燃的蜡烛。

用植物协会（The Greater Oslo Fungi and Useful Plants Society）。这个名字让我非常感兴趣，听起来像是挪威妇女卫生协会的姐妹组织。什么样的人整天跟真菌和有用植物打交道？老实说，我甚至不知道什么是“有用植物”。如果这个名词成立，那是不是还有一类“无用植物”呢？它们是不是也有一个协会？这是一个我不敢在别人面前问的问题。

老师的腰带上挂着一把插在皮鞘里的刀，脖子上挂着一个小型放大镜，这两件东西都是正经的蘑菇采集者的制服中不可缺少的部分。我明白穿衣的风格并不是优先考虑的事情，当你去森林里采集时，衣服的实用性占了上风。这就是为什么蘑菇采集者乍一看像来自另一个星球的物种，从头到脚都穿着防水服，还要涂上厚厚的乳液来驱赶蚊子、蠓和鹿虻。

“那么，蘑菇是什么？”课程老师开口问道。许多学生闭口不言，试图避开老师的目光，这些人中也包括了我。每个人都知道什么是蘑菇，但显而易见老师在寻找更科学的答案，我不知道从哪里去寻找这样的答案。很多人，包括我自己，提到蘑菇的时候想到的其实只是真菌学世界里的几个物种。真菌学是针对真菌的研究，大多数种类的真菌比我们所知的蘑菇小得多。我经常被问到有多少种不同的蘑菇，其实真菌世界如此之大，很难给出确切的数字。有待发现和科学记录的真菌数量是该领域专家们争论的焦点，一些专家说有两百万种，其他一些专家说是五百万种。奥斯陆大学自然历史博物馆试图对在挪威发现的所有物种进行记录，一共记录在案的有 44000 个物种，真菌占 20%。相比之下，哺乳动物只占 0.2%。

人们在森林里发现的蘑菇只是一个巨大有机体中的一小部分。这个有机体的大部分由一个被称为菌丝体的动态细胞网所组成，这种细胞散布在地下，也寄生在树木和其他植物中。我们所看到的生长在地面上的是蘑菇的果实，与整个有机体的关系就像苹果和苹果树的关系一样，只是这里的“树”生长在地下。世界上最大的有机体是一种蜜环菌，叫作奥氏蜜环菌（*Armillaria ostoyae*）。它发现于美国俄勒冈州的东部，在那里覆盖了一片面积约为 4 平方英里（约 10 平方千米）的林地。研究者采集了数百个真菌的样本，对菌丝体的脱氧核糖核酸（DNA）进行分析。结果表明，它们都是从同一个基因个体上生长出来的，估计年龄在 2000 岁到 8000 岁之间。在地表之上，世界上最大的真菌可能是非洲的巨大蚁巢伞（*Termitomyces titanicus*）。它的菌盖可以长到 1 米多宽，在一些照片中，非洲人特地把这种蘑菇像雨伞一样撑在头顶。

蘑菇在生命周期中的绝大多数时间里都隐秘地生活着，我们看到的只是很短的一段时期。当条件合适时，蘑菇的菌丝体会向上生长，以一种能掀起岩石、劈开柏油路面的力量冲破土壤。从课程负责人那里我了解到，蘑菇不仅生长在森林中，它们在公园、路边，甚至墓地和私人花园里也会大量生长。如果我们从一个真菌爱好者的视角去观察，它们简直无处不在。真菌爱好者相信有生命的地方就有真菌，他们甚至会宣称：没有真菌，也就没有生命。有一个在蘑菇爱好者的圈子里广为流传的 TED 演讲视频叫作《蘑菇拯救世界的 6 种方法》（6 ways mushroom can save the world），这使得真菌成为他们的一种信仰。

优秀的老师都会首先了解自己的学生懂得多少。那么，为什么不在开课前先做一个关于蘑菇的小测验呢？测验目的是教我们如何识别大约 15 种不同种类的真菌。就在几个小时前，这些新鲜的样品还在静谧的森林里安详地生活着，而现在它们被从潮湿的泥土中取出，作为教育工具，一个接一个地在课堂上被传阅。在递给我的蘑菇中，我唯一认出的是香菇，它是森林里的黄色小可爱。我内心深处害怕成为班上的笨蛋，深刻地感受到自己有很多东西要学。

我后来才知道，在历史中关于真菌的科学研究产生过非常大的分歧。就连卡尔·冯·林奈（Carl von Linńe，1707—1778）也为之头疼。他被誉为现代分类学之父，创建了一个针对所有物种的分类系统，这个系统至今仍在广泛使用。在林奈的分类系统中，真菌最终被归入了动物界的一个子类，名为“混沌”，仿佛通常的自然法则不适用于它们。然而从那时起，人们就确定真菌既不属于植物界也不属于动物界，它们形成了自己的王国——真菌界。

这对我来说是个新鲜事儿，我原本以为蘑菇只是一种奇怪的植物而已。但实际上真菌界的成员们其实更接近动物界的物种，也就是说，蘑菇更接近于我们，而不是植物！因此，真菌的很多提取物可以被用于治疗人类疾病。例如重要的抗生素青霉素，以及一些用于治疗癌症的药物。这些知识是我在马来西亚的生物课上不曾学到的。在我就读的女子学校的生物教室里，墙上挂着巨大的植物图例，上面用雅致的手写体写着它们各个部分的名称。当我下次在超市给远房亲戚买蘑菇时，可以好好对照一下。

第一节课是关于正确的采摘技术：我们被要求紧紧抓住土壤上方的蘑菇菌柄，轻轻地把蘑菇拔出来。如果随身携带一把小刀就会很方便，因为蘑菇有时会藏在苔藓中，或者很难被拔出来。这时再有一把小刷子就更好了，比如糕点刷，或者一把旧牙刷，就可以对蘑菇进行简单的野外清洁。我非常推荐这个小工具，因为它可以大大缩短在家里的清洁时间。不过，也有人把清洗蘑菇当作是一种冥想的过程。

当你发现一个蘑菇时，首先要检查它的菌盖。菌盖可以提供很多信息以便确定这个蘑菇究竟属于哪一科，是牛肝菌、齿菌、多孔菌，还是伞菌，这些都是初学者课程中所涵盖的内容。一旦你知道了这个问题的答案，下一件事就是确定它属于哪个属，最后确定到是哪个种。

我们第一次找到的是一个牛肝菌，一个真正意义上活的牛肝菌，变形疣柄牛肝菌（*Leccinum versipelle*）。我们了解到，所有挪威本土的牛肝菌一旦加热就不会有毒。牛肝菌的一个主要特征是菌盖的下面看起来和摸起来都像海绵。这种柔软、海绵状的蘑菇触碰起来感觉很奇怪，它的反应也很奇怪：我们指尖对蘑菇表面的压力会使牛肝菌变成蓝色。这种“瘀伤”是鉴别某些物种的一种方法。虽然今天我已经不需要用手去压蘑菇进行识别，甚至能在1英里（约1.6千米）外认出变形疣柄牛肝菌，但看到蘑菇变蓝依旧会给我带来孩子般的喜悦。

我小时候在马来西亚时，很喜欢和一种植物玩，一玩就玩几个小时。这种植物的叶子一碰就会闭上，然后我们会耐心地等待它打开，这样就可以再次触摸它了。虽然每次都是一模一样的程序，但我们从不厌倦，认为这很有趣。后来我知道了这种通常喜欢生长在树丛下的植物叫作含羞草（*Mimosa pudica*），而pudica正是拉丁语中“害羞”的意思。挪威的变形疣柄牛肝菌让我想起了马来西亚的这种植物，仿佛大自然在用一种无言的对话与我们交流和玩耍。

我们还认识了齿菌，它们的下侧有“牙齿”或“刺”。这一物种在英语中被称为卷缘齿菌（*Hydnum repandum*）。有些人会在烹调卷缘齿菌前把刺刮下来，因为这些松软的齿在锅里看起来就像白色的小幼虫。但这只是一种错觉，卷缘齿菌是老师口中“五大安全蘑菇”之一。这是我第一次听到“安全蘑菇”这个词。

课程中还讲到了多孔菌。绵羊状地花菌（*Albatrellus ovinus*）是“五大安全蘑菇”中的另一位成员，正属于这一类。绵羊状地花菌外观看起来非常畸形和奇怪，如果你把它翻过来，它的背面看起来像一个有很多洞的针垫。煮熟后，绵羊状地花菌会由白色变为柠檬黄色。物种在加热时所经历的颜色变化是一个重要的细节，因为这是确定蘑菇身份的另一个关键。我们已经介绍过的变形疣柄牛肝菌在加热时也会变色，从白色变为深蓝色。毫无疑问，真菌的世界比我走进那堂课时想象的还要陌生。

在伞菌的类别中，我们发现了许多属的蘑菇，有最危险也有最美味的。因此，作为一个初学者，学会识别最常见的伞菌极其重要。红菇属（*Russulas*）的蘑菇是伞菌中常见的物种，它们通常颜色鲜艳，甚至可以说是蘑菇界的“花朵”，它们会以红、紫、黄、灰、蓝、绿等多种鲜明的色调出现。“Russula”这个名字足以让人垂涎欲滴，词源表明挪威语中的Russula源于kremle一词，可能与方言单词krembel有关，意思是“小或胖的东西”，这是对红菇属中的蘑菇很好的描述。

像所有伞菌一样，乳菇也有菌盖，在切开时会渗出乳状液体。这些乳状液体有不同的颜色，比如松乳菇（*Lactarius deliciosus*）和粗质乳菇（*Lactarius deterrimus*）渗出的液体是红色的，它们也是“五大安全蘑菇”中的成员。这是一个比我想象的更加丰富多彩的世界。虽然有很多猜想，但没有人真正知道为什么这些蘑菇会有这么多的颜色。蘑菇的颜色远比在超市里和西红柿、黄瓜一起售卖的白色或淡棕色的双孢菇（*Agaricus bisporus*）丰富得多。

伞菌类中的一个属激起了我特别的兴趣，那就是常在野外被发现的各种可食用的落叶松蕈（*Agaricus*）。我们被告知这些蘑菇的味道比超市里的标准蘑菇（一种人工栽培的蘑菇[①]）鲜美得多，但是对于初学者来说，这可能是一个相当棘手的属类，因为我们会把可食用的落叶松蕈和有毒的蘑菇混淆。但我很想知道这些野生蘑菇的味道，为了能够区分出它们的不同，我飞快地记着笔记，很快就写满了好几页。

除了食用菌，课程的内容还包括了主要的有毒真菌。公元54年，古罗马皇帝提比略·克劳迪亚斯被自己的妻子阿格里皮娜用蘑菇毒死了。这是全班同学都有兴趣的主题。童话故事中常见的毒蝇鹅膏（*Amanita muscaria*）是一种有毒的蘑菇，但毒性不及挪威发现的最致命真菌：鳞柄白鹅膏（*Amanita virosa*）。这是一种雪白的蘑菇，细长的茎干周围有一个被称为“环”的东西，与毒蝇鹅膏不同，它有着最致命的毒素。不幸的是，这种蘑菇看起来很像一种在亚洲被视作美味的蘑菇，一些来到挪威的亚裔移民在发生惨剧后才认识到这种雪白天使所含有的欺骗性。

另一种我们要小心的有毒蘑菇是毒鹅膏（*Amanita phalloides*）。

---

① 此处所指的蘑菇就是双孢蘑菇。

据报道这种蘑菇的味道很不错，而且气味也不难闻，但是和鳞柄白鹅膏一样，吞食它可能会致命。不过人们是如何知道这种蘑菇的口味不错但又是致命的呢？没有学生问这个问题，大家都正襟危坐着。

有一个针对新手的经验法则：避免任何完全为白色或棕色的野生蘑菇，所谓的“完全”指的是菌盖、底部和菌柄。这是课程教给我们唯一的简单法则，这让我们意识到要知道蘑菇是否有毒并不是容易的事。老师很明确地告诉我们：蘑菇只能一种一种去学习。

我惊讶地发现，受欢迎的鸡油菌（*Cantharellus cibarius*）并没有包含在任何一位老师的“五大安全蘑菇”中。他们理想的蘑菇可能是库恩菇、喇叭菌、美味牛肝菌、松乳菇、大紫蘑菇、多汁乳菇或羊肚菌。鸡油菌鲜为人知的“表亲”的名字直接来源于童话故事，这使得它们看起来既熟悉又陌生。如果一个接一个把它们的名字连起来，有点像一首现代诗歌，没有韵脚，但在一瞬间，你觉得自己似乎理解到了什么。鸡油菌有漏斗状的帽子，正如它的属名*Cantharellus*，意思是“小高脚杯”。与其他大多数受欢迎的蘑菇不同，金黄杏色的鸡油菌很容易被发现。对于那些更喜欢挑战的采集者来说，鸡油菌似乎太容易被发现了。后来我认识了一些采集者，他们在森林里时会径直从鸡油菌身边走过。如果你提到这里有鸡油菌，他们很可能会辩解道：“哦，当然，鸡油菌什么时候都会有。”确实，与其他蘑菇相比，鸡油菌生长的季节很长。在挪威，早在6月它们就会悄悄出现。

蘑菇爱好者们还会了解蘑菇的什么呢？而我这只菜鸟，如果运气好，又会发现什么呢？

激增的肾上腺素

一整晚的理论课结束后，接下来的环节是实地考察。户外活动在挪威就像一种宗教信仰，每周日去山丘或森林里郊游仿佛是必不可少的。不过，对于一个蘑菇门外汉来说，这样的郊游绝对不是在公园里轻轻松松散步。当同样的蘑菇再次出现时，你会因为脑子没法转过弯来而感到懊恼。对于外行来说，森林是一个令人畏惧的地方。当我在黑暗的森林中越走越深时，很容易突然意识到自己是独自一人，被高大的树木包围，不知归路在何处。你能听到树木相互低语，说它们要用长长的树枝抓住这个蘑菇采集者。这对于那些不是整天穿着远足靴，也没有学习过森林散步疗法的人来说，可不是什么惬意的场景。在马来西亚，热带雨林从来不是星期天郊游的目的地。马来西亚人从来不做这种事，因为这是一项危险的活动，会有生命之忧。如果有人疯狂到要做这样的事，至少也会带着驱蚊剂和锋利的武器。所以，挪威的户外活动传统对我来说简直是一种震撼。没有人教我们这些来自世界各地的年轻人如何破解隐藏在挪威森林和山区中的密码。我只能自己去琢磨，并在这个过程中慢慢适应。所以，和两位课程老师一起去森林采摘蘑菇是一件很棒的事情，他们都是有资质认证的蘑菇专家，在挪威的森林里行走对于他们来说已是稀松平常的事情。第一次听到"认证蘑菇专家"这个词时，忍不住咯咯地笑了起来。在此之前，我只听说过专家这个词与科学、学术或法律事务有关，从来没有想过还可以成为一个蘑菇专家。

在实地考察中，人们可以了解不同种类的真菌从菌蕾到成熟的蘑菇在整个生命周期的不同阶段外观是如何变化的。而那些关于真菌的书籍往往只包含已经完全成熟的蘑菇标本的插图，这对于了解这些蘑菇在它们生命周期的所有不同阶段并无益处。要知道，时间对每个生命和每件事都会产生影响，包括蘑菇。

我是怎么迷上蘑菇的？这个问题可以用一个故事来回答，那是我第一次和初学者课程的老师一起寻找蘑菇。刚进入森林，我就看到了一群鳞柄白鹅膏，有八九个。它们看上去是那么纯洁无辜，但一想到这些蘑菇的致命性，我心里就发颤。没想到刚刚学习到的理论知识这么快就能用上，我辨认出了野外不能吃的蘑菇，这让我在这个困难的课程中向前跨了一步，成就感油然而生。然后，老师鉴定了一些我找到的喇叭菌，它们隐藏在枯叶和树枝中，对人类来说是新鲜的美味。我有点惊讶，因为这些蘑菇是灰黑色的，在我的脑海里，它们长得不像是可以吃的东西。这仿佛是在说，当你基于假设而不是知识去理解事物就会先入为主，导致最后错得离谱。要知道，在此之前我从未上过一门学完就可以立即将知识应用到实践中的课程，大奥斯陆真菌和有用植物协会的老师们给我留下了深刻的印象。回家的时候，我带着满满一篮子的可食用蘑菇，对战利品和自己的表现都很满意。

随着我对蘑菇的几大主要属越来越熟悉，也逐渐对复杂的真菌界有了结构性的认识，也许有一天，我能自信地辨认出课程中涵盖的 15 种蘑菇。挪威所谓的“蘑菇检验员测试”大纲涵盖了至少 150 种蘑菇。一个人是怎么做到完全熟悉 150 种蘑菇呢？要知道仅仅是辨识这 15 种就已经足够困难了，通过测试似乎是一项绝对不可能完成的任务。

在有了这些新知识的武装之后——即使如此有限——都能让树林散步变成一种非常不同的体验。突然间，我眼里到处都是蘑菇，这些真菌以前就在那里，但那时候融入了风景。而现在，这些课程就像为我戴上一副特殊的眼镜，使得它们以 3D 的形式脱颖而出，展现在我眼前。我还学到了很多关于挪威植物的知识，比如栎林蓝莲花是一种喜欢石灰的植物。如果我遇到栎林蓝莲花，就很有可能在附近石灰丰富的土壤中找到茁壮成长的蘑菇。

当我辨认出第一批蘑菇时，异国情调的挪威林地对我而言有了更多的意义。随着时间的推移，我发现自己渴望去那里，去那深绿色的森林。如今我会一边走一边扫视森林的地面，快速判断地形。想知道这里有没有有趣的物种？如果你想找到蘑菇，必须关掉手机，把自己切换到“蘑菇模式”。从那以后，我意识到在树林里散步确实大有裨益，不仅像那些倡导户外活动的老师那样认为对身体和灵魂有好处，同时对大脑也有好处。

当我们还是孩子时，我们都知道那种着迷的感觉。例如你太沉迷于看蚂蚁努力工作，以至于没有听到吃饭的呼唤。蘑菇之旅同样引人入胜。你放下所有的日常琐事来寻找蘑菇，狩猎采集的本能被点燃，你会立刻被带入一个独特的迷人世界。注意力变得更加集中，紧张感也随之增加：我到底能不能找到那个蘑菇宝藏？当最终遇到几个鸡油菌时，可能会惊呼道：“哇！天哪！好漂亮！”甚至会说：“快到妈妈怀里来，小宝贝！”我时不时会幻想在森林里找到黄金，每当这么想的时候我的心跳就会瞬间加快。但在通常情况下，我看到的既不是黄金，也不是鸡油菌，而是黄桦树的叶子。不过也有例外，有一次我确实在松林中央发现了一些零散的钞票。如果你睁大眼睛，就会在挪威的森林里发现各种令人惊奇的东西。

运动员常会谈论“心流”，那是一种在技巧和挑战之间取得平衡时所获得的控制感。当他们完全沉浸在当下，身体与活动协调一致时，思想和精神就会被完全调动起来。有了专注的目标，就会有快乐和兴奋感，就能进入心流的状态。在东方，“禅”这个词长期以来被用来指经过大量练习后，能够全身心投入到永恒和无我的那种境界中。在很多方面，心流和禅的体验是相通的。你可以陷入一种沉浸式的幸福中。即使没有你，世界依旧在运转。

不同于运动员的心流和僧人的坐禅，采蘑菇的乐趣是我在一接触这项活动时就可以体验到的，不需要进行10000小时的训练，也无需经历僧人的仪式。我确信，无论是滑雪、帆船及其他运动和爱好，都需要不少的基础训练才有可能体验到类似的快乐。但是当你去采蘑菇的时候，不需要任何技巧就能感觉到肾上腺素的激增。你所要做的就是和蘑菇专家一起散步，体验狩猎蘑菇的刺激。蘑菇的快乐简单易得，我们可以称之为“蘑流”。

自从认识了蘑菇，我发现一个无形的平行世界就在我的脚下，它有着自己独立的逻辑和顽强的生命力，那是一个我曾经不知不觉径直走过的神奇世界。有时，当我发现蘑菇时，时间似乎静止了，我体验到了心流和禅。那种与宇宙合一的感觉带来内心的满足和幸福。在这样的时刻，只有一件事是重要的，那就是专注当下。在这种时候，我不会去想晚餐吃什么，也不会去想别人怎么看我的发型。

采集蘑菇是一种触觉和感官的体验。首先你会感受到蘑菇的抵抗力，有些顽固的菌类仿佛用脚深深挖了一个洞，而有些则随时准备离开森林，只要我们对它们甜甜地笑一笑，它们就会跟我们一起回家。我喜欢这样的时刻，经过慢慢地摸索，终于将战利品握在手中。对我来说，这就像在刮刮卡上刮到了中奖号码，从很多方面来说都是一种简单的快乐。

这是一种随着探索森林的知识和实践增加而产生的掌控感。除此之外，还有一种完全出乎意料的愉悦，正如我第一次独自发现美味的食用蘑菇时心脏怦怦直跳的感觉。这是幸福吗？真让人难以置信！我竟然还能真正感受到这种情感，我原以为艾尔夫离开后这种情感在我身上已经永远消失了。这就像在静脉注射多种维生素，多刺激啊！我身体里的每一个细胞都洋溢着喜悦。突然，一束纤细的金色光束刺穿了我的灵魂。在一切都显得那么模糊、那么无望的时候，我还能感到如此明朗的喜悦吗？

只要找到一个蘑菇，你就有可能在附近找到另一个蘑菇。发现的快乐是逐渐积累的：一个蘑菇，一次喜悦；两个蘑菇，双重快乐。

随着蘑菇世界的大门向我敞开，我开始意识到生活重回正轨的道路比我想象的要容易，这仅仅是一个不断收集生活中的闪光点和快乐的过程。我所要做的就是沿着蘑菇指引的轨迹向前，尽管我并不知道它会通向哪里。在我面前这巨大的未知中，能找到什么呢？在那些山顶、迷雾和道路转弯处，还有什么呢？

次优死亡

在一个阳光明媚的夏日清晨，死神降临到了艾尔夫身上。他还没有走到办公室，还没来得及卸下沉重的背包，没来得及倒一杯咖啡。要是在往常，他总是第一个到达的。他的事业正如日中天，至少我们都这么认为，但没想到的是，这却是他最后一次去上班。

艾尔夫的去世是如此突然，我至今仍然怀疑他自己当时是否意识到发生了什么。他是否意识到自己的人生已经结束了，分配给他的时间已经用完了？知道他已经到达了最遥远的海岸吗？他最后的想法是什么呢？死亡真的像他所想象的那样吗？他是被缓慢而坚定地吸引到一束灿烂的光芒了吗？那光芒是不是温暖而强烈，就像恋爱一样，是每个人都能拥有的最美妙的经历之一？

幸运的是，那天早上其他几个同事也来得很早，其中一个看到艾尔夫倒下了。刚开始以为他只是被绊倒了，但很快就意识到情况不妙。艾尔夫被救护车带走后这个同事打电话给我。那时候我刚醒来，洗完澡，正准备从容地吃个早餐，开始新的一天。我还没来得及消化同事口中荒唐的话，电话再次响了。

电话那头的声音不是我认识的人，是医院的医生打来的，那时我仍处在艾尔夫同事打来的第一个电话的晕眩中，有点不知所措。

“恐怕我有个坏消息。”医生说。

我的心脏突然停止跳动。

“你丈夫死了，我很抱歉。”医生继续说，声音像节拍器一样平稳。

死亡的消息仿佛在我脸上打了一记耳光。“怎么办？什么？”我不记得当时说了什么。

“你丈夫立刻失去了意识，他什么都感觉不到。”医生说。

我没能开口，不知道该问什么问题。

“这是我们所有人都希望的最好的死亡方式。”他立刻补充了一句。

我感到一股反抗的情绪在体内涌起，卡在喉咙里。我完全不同意，但却说不出话来。医生这么说可能是想安慰我，但我不想得到这种方式的安慰。我坚信，最好的死亡方式是完全清醒，没有任何剧烈的疼痛，并被给予一段适当的告别时间，最后再离开。结束一段生命是需要时间的，不仅仅最亲近的人需要，离世的人也需要它。结束人生需要时间。

我觉得好像有人用沉重的大锤砸向了我，房间顷刻开始旋转，我不得不坐下来。我的内心一片混乱，也出了一身冷汗，感到非常难受。我是在做梦还是醒着？这个我一直以为会活得比我更久的人，怎么会就这样被宣布死亡了呢？就在几个小时前，我们还一起共同生活。从我 18 岁、艾尔夫 21 岁开始，我们就一直一起生活。现在他却在医院的急诊室里离开了。心跳将这两种状态分开，上一刻还在，下一刻竟然就走了。我最好的伴侣离开了，而我将孤独地在这个世界上继续生活。

我不想挂断电话，更用力地把它贴在耳朵上，想让医生继续讲下去，任何细节都可以，任何关于艾尔夫的内容在此刻都至关重要。医生是我与那天早上刺痛我的残酷现实之间唯一的联系。我甚至忘记了呼吸。我因为艾尔夫而改变生活计划，从马来西亚搬到挪威。而如今我再也见不到他了，再也不能跟他说话了，再也无法闻到他的气味了，再也不能抱住他了。这简直毫无道理！那个电话生生地把我的生活切成了两半，挂断电话的那一刻，我过往的生活已经不复存在。

任何婚姻只有离婚或死亡两种可能的结局。艾尔夫死后，我们的关系就结束了。死亡是绝对的，要么死了，要么活着，没有其他可能。把这两种状态分开的是无数纤细透明的细线，有时这些线是柔软的、坚固的、有力的，可以阻止一个人穿越到死亡的彼岸。我们都听说过一些死里逃生的故事，他们在最后时刻奇迹般地获救，几乎每天你都能在小报上看到这样的奇迹。但有时这些线很脆弱，你只需多看一眼，它们就会分崩离析，化为乌有。那么从生到死的道路就会短得可怕，当你离开了生命的轨迹，消失了，就没有回头路。

他们在等我，知道我要见谁，但不允许我直接去看艾尔夫。一个护士把我带到一间办公室和我说话。我想他们是想让我做好准备，让我冷静下来。有人递给我一杯冷水。我咕咚咕咚地喝完水，没有考虑是否渴了。聊了一会儿，护士叫我跟她走。我们穿过几条走廊，在同一层的一扇门前停了下来。她打开门，我丈夫就躺在那里，用床罩盖着，像是睡着了。尽管我知道我们将要看的是艾尔夫的遗体，但当他的身体映入我的眼中时，我还是很惊讶。床单很干净，旁边有鲜花和点燃的蜡烛。房间里庄严肃穆的气氛，表达了对死亡和生命的尊敬。

我原以为得去一间又冷又黑的地下室。艾尔夫一个人躺在冰冷的铁制手推车上，一张床单遮住他的脸。但在这里，他仿佛睡着了，在一张新铺的床单上，那么安详。我的腿无法支撑身体，瘫倒在了地板上。我浑身发抖，能听见脉搏怦怦直跳，感觉心脏要爆炸了。我一遍又一遍地恳求艾尔夫醒过来，但他没有应答。护士把目光移开，也许是为了在这个痛苦的时刻给我一些独处的空间。但我不在乎，我好想抱着他，抚摸他。我的手抚摸着被罩下光滑的床单，然后移到他身上。他还暖和着呢！这是我没有想到的。我突然感到一阵感激之情，他一直在等我！至少在他变得冰冷和无法接近之前，我到达了他的身边。

虽然我知道艾尔夫已经死了，但还是很难接受。也许医生们搞错了，也许奇迹还会降临，他会醒来并微笑。也许下次我对他眨眼睛的时候，他会慢慢地睁开眼睛，看着我，说出只有他才会对我说的话。

我眨了眨眼睛，他没有醒来。时间没有停下脚步，它埋葬了我最后一丝疯狂的希望。

当我最终离开医院的时候，带走了两个装着他衣服和背包的塑料袋。他的包里有相机，艾尔夫喜欢拍照，所以总是随身携带。看着相机里那些最后一次引起他注意的东西，我觉得很奇怪，但我没有时间细想这些。

我面临着许多现实的问题。应该选用哪种棺材？是土葬还是火葬？什么日子几点下葬？葬礼是否要放在教堂？死亡通知书上应写些什么？我必须通知哪些人？如何接待前来吊唁的人？应该选择哪一种音乐？我的内心已经支离破碎了，但我还得忙碌这些事情，一样一样做决定。

生活仿佛进入了无人驾驶模式，电话一直响个不停，没有人会相信我在这个时期还需要不停地给予其他人安慰。我听见自己口中的话一句句吐出，但却不知道这些词句是从哪里来的。日子过得飞快，像按了快进按钮，我则身处于疯狂的旋涡中。

我想在把艾尔夫放进棺材前给他穿上衣服。当我在殡仪馆提到这件事时，殡仪馆的人一点也不生气。在殡仪馆你会看到一长串的选择，会发现很多你根本不曾想过的需求。在马来西亚，亲人为死者洗漱穿衣是很正常的。虽然我以前从来没有机会这样做，但是在把艾尔夫放进棺材之前，我知道必须亲自给他穿上衣服。我也非常想再见他一次，尽管他已经走了。我不明白怎么能把一切都交给殡仪馆的人，直到死者被装在密闭的棺材里时才能再见到他，这和我从小经历的传统完全不一样。

当我在约定的时间到达医院教堂时，得到了一个改变主意的机会。他们向我解释说，也许我会很难接受，因为艾尔夫经历了一次尸检，这在他的身体正面留下了一个很大的 Y 字形伤疤。对死亡原因有更多的了解能帮助我们理解艾尔夫的意外死亡。对于艾尔夫来说，整个过程都是在浪费时间。但对于我们这些失去亲人的人来说或许有意义，正是这种可能性使我同意了尸检，但尸检没有发现任何新的或值得注意的细节。我准备好后，艾尔夫被推进了教堂。或许他当时已经在教堂里了，只是被推着往前走，我已记不太清楚。所幸的是，我留有一张他的身体被床单盖着的清晰照片，脸是露在外面的。

医院教堂的工作人员说得没错，我发现自己很难去直视艾尔夫。

这不是因为他身上从喉咙到肚脐的切口，以及那些看起来就是匆匆忙忙缝起来的针缝线，而是因为他看起来真的死了，脸上的皮肤毫无生气，不再有灵魂。虽然他已经去世了好几天，但我没有想到会是这样。面前的遗体是他，但又不是他。我们看的不是艾尔夫，而是他的身体，是一尊“死亡面具”[①]。当生命最终结束时，你该如何和他说再见？在我看来，他的尸检似乎已经把他身上最后的生命痕迹都清除掉了。他不再是熟睡，而是冻得发青，光着身子躺在那狭窄的金属手推车上一定很冷。死了，真的死了。现在我可以肯定地说，他已经没有希望了。但再次能见到他还是很高兴，他看上去很放松，很平静，既强大又脆弱，他的嘴唇上是淡淡的微笑吗？

教堂被一扇大天窗射出的光线淹没着，几根蜡烛也在燃烧，手推车的后方挂着一块现代风格的彩色玻璃。一切干净，整洁，祥和。周围的环境很简单，不花哨，也不讲究，近乎优雅，我很喜欢。我抚摸着他的脸颊，想要安慰他，尽管他已经不再需要了，或许我想安慰的是自己。我们给艾尔夫穿上衣服，再把他放进棺材。我决心在他旅程的最后一站陪伴他。生命不会在瞬间结束，它并不终结于最后的那一下呼吸。死亡是由成千上万个微小的瞬间组成的，它们平凡而神圣。它们是如此珍贵，我珍惜每一个瞬间。

艾尔夫应该穿什么？我们带来了一套比较新的深色西装，还带来一条崭新的、色彩鲜艳的布裙，我母亲想把它放进他的棺材里，作为最后的纪念。殡仪人员带来了一件宽松的白色罩衫，就是挪威葬礼上

① 死亡面具是以石膏或蜡将死者的容貌保存下来的塑像。

经常穿的那种，还有一条又轻又薄的白色“羽绒被”。我震惊地发现，在挪威，死者下半身通常是赤裸的。“羽绒被”盖在罩衫上，创造了一具穿着整齐的尸体正在睡眠的幻觉。艾尔夫最后穿着一件挪威的白色罩衫和一条马来西亚的彩色蜡染纱裙，还有一条长及脚踝的裙子。他在家里总是喜欢穿布裙，下班回家后做的第一件事就是换上它。最终，他躺在棺材里，身上并没盖白色“羽绒被”。尽管一切缺乏计划，但最终的结果还是很不错的，甚至可以称之为美丽。我很高兴我们为艾尔夫设计了一套能反映他实际生活的服装，也很高兴在具体的流程中加入了个人元素，而不是简单地从殡仪馆的菜单中选择常规的选项。我们可以在最微小的细节和最意想不到的地方找到安慰。但是关上棺材盖有最后的意义，它强调了一个事实，即一个生命结束了。

葬礼来了很多人，有些我认识，有些我不认识。有艾尔夫的同事们、他在大学的朋友，还有他工作以外生活中的熟人。其中一些人在每年5月到10月，当我们从公寓搬到避暑的别墅时才会见到。除此之外，还有与我们不经常联系的远房亲戚。以这样一种方式目睹自己熟悉生活的整体轮廓，是一种奇怪的感觉。

如何最后一次说再见？会说些什么？我记得在亲戚们要从世界各地飞来的那天，我醒得太早了。以前艾尔夫在我们家很受欢迎，我父亲过去总是叫他“最招人喜欢的女婿”。由于我是他唯一的女儿，这不仅是一个真实的家庭笑话，而且我父亲可以在不冒犯他的儿媳们的情况下重复这句话。那是一个阳光明媚的夏日早晨，尽管整个城镇都还在睡梦中。我慢慢地醒来，意识到我梦到了艾尔夫！哦，多幸福呀！这很出乎意料，也很令人激动。他身上有一种天使的气质，可以来去自由。我睁开眼睛，立刻警觉起来。艾尔夫在这儿吗？在卧室里？我突然想到了这些话。我在床上拿起笔写下了整个悼词。

在通常情况下，我对一大群观众讲话是没有问题的，所以我不应该为演讲而担心，但我仍然不确定是否能够完成我在葬礼上的演讲。在我看来，这将是我生命中最重要的表演。我能保持挺拔而不弯腰痛哭吗？我能把这些话流利地说出来吗？我唯一的安慰是，我没有什么话是在艾尔夫生前隐瞒着他的。能有他这样的丈夫，我觉得自己很幸运，当我的女性朋友们在那些例行的女性小聚会上抱怨她们的丈夫时，我几乎没有什么可抱怨的。我经常这样告诉他，我很感谢他让我在婚姻中能做自己，而不是一个有改进空间的妻子，这让我感到很欣慰。

葬礼后，我们邀请家人、朋友和亲密的熟人到一个会所进行招待。菜单非常简单，没有美味的点心，没有精致的烤肉卷，只有热狗香肠和挪威土豆煎饼。我不得不集中精力准备葬礼和悼词，根本没想过在招待会上应该吃什么。当我意识到这也必须要安排妥当时，心里有点恐慌。然后我想到了可以吃香肠，并立即决定这样就可以了。这其实是一份符合艾尔夫心意的菜单，这么多年来，他肯定吃过很多我不知道的用土豆煎饼包着的香肠。除此之外，当我们看到有多少人来参加葬礼，或者他们吃了多少时，可以跑出去买更多的来补充。这很合我的实际需求。

他的一位朋友多次表示愿意尽其所能提供帮助，于是成为了热狗管理员。他问我认为有多少人会来，我说不知道，那时的我没办法考虑这些事情。我也不记得谁是管咖啡的，谁是管蛋糕的。一定有人顾及到了这些，但这部分的内容对我来说都是模糊的。

会所为守灵提供了完美的环境，为了到达那里，你必须沿着一排排小木屋之间的狭窄小径走过去，这些小木屋和花园都有自己的风格，是独特的挪威风格。它们位于城市中心，但质朴且宜居。有些小屋非常简单，有些则更精细一些。一些房屋拥有修剪整齐的草坪和一尘不染的花坛；另一些则追求更质朴的风格，让绿植和花卉自由地生长。在小路的尽头，景色变得开阔起来。会所坐落在一片平坦的地面上，可以看到延伸至两侧的小别墅。艾尔夫一定很想听听人们在追悼会上对他说些什么，但我想他也会有点不知所措。他不喜欢在社交聚会上成为众人瞩目的焦点。他生性安静，但却以自己的方式引人注目。但不管我们的本性如何，如果要我来说，获得一点赞美对任何人来说都没有坏处。

我记得自己在忙完葬礼后几乎昏迷了过去。当该做的事都做完后，从四面八方来的人都回了家。当花儿开始凋谢，电话也不再作响，我独自一人坐在公寓里，只有悲伤的思绪陪伴着我。就在那时，我真正意识到艾尔夫再也不会下班回家了。

我心甘情愿地进入了内心的放逐，悲伤不断膨胀，直到占据了我整个生活。我悲痛欲绝，早上醒来却不想起床。我通过一个孤独的孔洞来观察这个世界，这个孔洞就是失去和痛苦。我无处藏身。我把头靠在艾尔夫的枕头上，不时哭泣，可是冷酷无情的事实是并没有人应答。唯有死一般的寂静笼罩着整个法格伯格街区。

我生命中一个重要时期结束了。我像俄耳甫斯一样饱受折磨，对问题找不到答案：没有艾尔夫我该怎么办？

所有我认为是固定的、永久的、坚实的东西都变成了轻如羽毛的泡泡。它们慢慢地飘走，从我的视野中消失。我就像一个乒乓球被扔进海里，随着浪花被抛来抛去。悲伤是波涛汹涌、变幻莫测的大海，我被拉拽着我的力量吓得半死，目所能及却找不到一个救生圈。

他们说，生活还在继续。但是，当这些话根本没有帮助的时候，他们为什么还要这么说呢？在人们开始思考“继续”之前，必须接受和理解这样一个事实：噩梦是真实的，一种超越现实的生活现在已经成为现实。一个人要如何去理解不可理解的东西呢？

我怀念过去的生活。有没有一个开关可以让时钟倒转？

我知道需要重建自己的生活。从很多方面来说，这是在另一个太阳下生存和生活的问题，但我该如何做到呢？此外，作为一个因为挪威人而留在这个国家的移民，我应该继续生活在这个国家吗？

在所有的情绪中，彻底的绝望是最糟糕的。一个人在绝望和疯狂之间摇摆得如此之快，以至于一切都变成了灰色的糊状。绝望的山谷干燥而贫瘠，我面前的路残酷无情，我看不清路标。是不是有什么东西在另一端等待着我？太阳直射下来，我的背包像铅一样重。没有树，也找不到树荫，一路上只有锋利的石头。我的痛苦难以忍受，这是我第一次羡慕那些有宗教信仰的人。是不是他们能更快地理解一个人的死亡？对永生的信仰会不会让人更容易接受肉体的死亡？

周围的好朋友们向我表达了哀悼和同情，但他们无法替我承担这份痛苦。许多人为艾尔夫哀悼，但我的悲伤是我自己的，是我一个人的。我有责任把令人窒息的悲伤变成可以忍受的痛苦，让我的生活回到平稳的状态。

只有一件事可以做，那就是一步一步开始向前行走，像一个朝圣者在古老的风景中漫游一样。风景看似亘古不变，但其实每一日都发生着细微的变化。我每日依旧生活着，但生活得似乎毫无生气。时间有时长如戈壁沙漠，但有时又短如一朵昙花。我如同一条河流般涌入大海。我还是我，却已不同，尽管这一切都无法解释。我现在是谁？我不能继续曾经的生活，也不知道新生活应该如何开始。说实话，我不知道自己在寻找什么。

艾尔夫很幽默，以前总能逗笑我。以后我还会笑吗？

他让我变成了一个更好的自己，但现在只剩下我一人了，我不确定是否还会喜欢我自己。

这是我余生的开始，没有艾尔夫。不管我喜不喜欢，心爱之人的离开把我推向一个新的方向。

秘密之地

回首往事，我发现我对艾尔夫去世的悲痛，在某些方面与传统的人类学家的田野工作是相似的。在野外工作时，人类学家为了从内部更好地了解当地的生活和文化，会与研究对象生活在一起。田野调查的早期阶段往往是相当混乱的，因为有太多不理解的东西，人们很容易被所有明显相互矛盾的印象和解释弄糊涂。在解开谜团的最后一块碎片到位之前，人类学家必须着手推进、检验并重新制订工作假设，以解决最初似乎无法理解的问题。

但对我来说，当我试着去理解那些打击我内心的东西时，有一个很大的不同：我试图解读的不是外部的、陌生的世界，而是一种内在的、无所不包的混乱状态。既然我的伴侣不在了，那我是谁？我怎样才能让生活重新充满意义？对于自己内心的考察是一项艰苦的工作。

那些我已经能够辨识的蘑菇就像一个小小的休息区，在把我送到内心旅程的下一个驿站之前，为我提供食物和喘息的机会。从采集蘑菇中获得的乐趣激励我在这个主题中进一步深入。蘑菇为我提供了一种看待事物的新视角，尤其是对生活有了新的认识的时候。当我开始对这个看似令人困惑的真菌界形成一个更有条理的画面时，我内心的情感也陷入某种模糊而松散的秩序之中。

首先，我得找到蘑菇。

所有初学者都经历过一种困惑：想要找到蘑菇，必须首先知道去哪里找。众所周知，盛产蘑菇的地点是保密的，有关蘑菇产地的信息一直供不应求，大多数蘑菇采集者会像保护珍贵的珠宝一样守护着它。我认识的一个人在她的手持全球定位系统（GPS）跟踪器上存储了她最宝贝的蘑菇点的位置信息，便于她的女儿继承。如果我不认识任何愿意和我分享他们的珍宝的人，该如何去找到最好的蘑菇呢？

这种情况下，当地的真菌学会（Mycological Society）是最好的突破口。在学会组织的探险中，你可以在专家的指引下找到蘑菇的自然栖息地，并逐渐学会辨认地形。如果只是在家里跷着脚看书，是永远不会知道应该去哪里找蘑菇的。经验丰富的蘑菇采集者有一种神奇的发现蘑菇的本领，即使在陌生的森林里，他们似乎也总知道该往哪里去寻找。其实，这并不是什么神秘的本领，他们只是简单地积累了层层知识及实战经验，然后系统地应用到实践中。我曾和一些年长的蘑菇爱好者一起去觅食，他们戴着厚厚的眼镜，但对蘑菇的观察能力比我强，在我以为根本没有蘑菇的路上，他们常常可以发现目标，并因此笑得很开心，这个时候，如果你没有与生俱来的“蘑菇感”，那么年轻这个标签在你身上并没有什么优势。当你的经验越多，这种“蘑菇感”就会越灵敏。有些人甚至相信他们能“嗅”出森林里的蘑菇，就像狗和猪嗅出珍贵的松露一样。松露是另一种非常珍贵的真菌。

我开始参加当地协会组织的蘑菇狩猎探险。这些活动都是由经过认证的蘑菇专业人士指导的，既让人安心，又富有启发性。在这个季节里，每个周末都有向导带领的探险队，有时连工作日也有。这种活动在奥斯陆的许多地方都有，虽然我已经算得上这个城市的长期居民，但以前却从来没有听说过。参与者通常可以乘公共交通工具到达集合点，不仅如此，这些活动都是免费的，算是社会给奥斯陆人民的一份小礼物。参加协会组织的探险活动的一个好处是你不必在事后去拜访蘑菇检验员。所有采摘的蘑菇都会在发现时被逐一检查和讨论，如果你把一个小小的、致命的蘑菇和当天剩下的蘑菇混在一起，那就不得不丢掉所有的战利品。渐渐地，我开始在脑海中勾勒出奥斯陆可能出现蘑菇的地点。当然，这些地方不属于那些绝密的地点，但至少它们都是很有可能找到蘑菇的地方。

带着目标寻找和漫无目的地寻找蘑菇是完全不同的事情。我觉得自己很幸运，在我“蘑菇生涯”的早期，就能够看到真正的专家是如何做到这一点的。访问美国时，我被邀请去纽约参加一个私人的蘑菇狩猎活动，邀请者是已故的加里·林科夫。他是北美真菌学协会（North American Mycological Association，NAMA）的前主席，也是美国野外圣经《美国奥杜邦学会北美蘑菇野外指南》（*Nation Audubon Society Field Guide to North American Mushrooms*）的作者。

在纽约中央公园采蘑菇

加里·林科夫被称为“蘑菇魔笛手”，他是一个有着幽默感和丰富知识的小个子男人。他是世界各地真菌学会议上的知名人物，常戴着宽边帽，穿着标志性的狩猎背心。我们按约定在中央公园见面，打了个招呼，然后他不再多说什么，开始轻快而有目的地从一棵树走向另一棵树。这里是纽约最好的蘑菇猎场之一，我不得不加快脚步跟上他。

在外行看来，林科夫的狩猎策略可能很随意，但事实绝非如此。他在中央公园 843 英亩的土地上有着自己固定的行走路线。他突然会在一片草地上仔细地搜寻着，纵然那片草地看上去似乎没有什么有趣的东西。草很高，显然公园管理员已经有一段时间没有修剪这地方。然后，林科夫找到了他要找的东西——可食用的假蜜环菌（*Armillaria tabescens*），这种蘑菇不在挪威生长。林科夫就住在中央公园旁边，在这个季节里，每天早上他都会在上班前去公园看一看，观察它们的生长情况，并确认自己最近是否需要回来查看。有些蘑菇在这个季节里出现得很早，另一些则晚些。林科夫为此调整了他的巡视计划，这样就可以每天密切监视他在中央公园的秘密地点。如果晚餐需要一些蘑菇，他所要做的就是穿过街道来到公园，去摘几个美味的蘑菇。我们继续穿过公园，林科夫不停地为我们解说哪些蘑菇可以从哪些树那里找到，以及在这个季节什么时候可以找到它们。

我们还发现了一些其他有趣的可食用植物，其中有被林科夫称为“穷人辣椒”的北美独行菜（*Lepidium virginicum*）。这种植物的茎直立，会开出白色的花朵，看上去就像一个瓶刷。这种植物是十字花科的一种，整个植株都可以食用。它的种子可以像黑胡椒一样使用，花和叶子则可以撒在沙拉上，提供一点辛辣的味道。

我们拐过一个弯，看到一位公园管理员。他轻轻咳了一声以引起我们的注意。

“你们是在采蘑菇吗？”年迈的公园管理员问道。

在挪威，每个人都有权在任何地方采摘浆果、蘑菇或鲜花，不仅在乡村，甚至在私人土地上也可以。然而，同样的规则并不适用于美国的公园，我们被逮了个正着。

“这是什么品种？”他指着林科夫的篮子和蔼地问道。

林科夫快速地作了答，说出这些蘑菇的拉丁名。

“我有责任通知你，禁止在中央公园摘花或植物。好了，我的工作完成了！”他边说边笑着走开了。这听起来是诠释官僚作风的一个完美例子。

人类学家计算得出，狩猎采集部落每周工作只需要不超过 17 个小时就能有足够的食物。对今天的许多人来说，狩猎和采集是满足对户外生活的渴望和满足与人交往愿望的活动，而不是用于填饱肚子的。但这并不意味着蘑菇爱好者对狩猎的重视程度低于世界上曾经出现的狩猎采集部落。对蘑菇的兴趣可以唤醒你自身未察觉的原始觅食本能。

林科夫告诉我，自 2006 年以来，纽约真菌学会一直在中央公园进行记录。到目前为止，他们已经发现了 400 种蘑菇，其中鸡油菌就有 5 种。相比之下，在公园里的植物大约只有 500 种。正是在中央公园，我发现了一种在中国备受重视的蘑菇，那就是因药用价值而闻名的灵芝（*Ganoderma lucidum*）。古代的中国人相信这种蘑菇可以让人长生不老。在现代，人们可以在中医院里买到它，用于治疗癌症、心脏病和许多其他疾病。如果有住在曼哈顿下城唐人街的病人，他们所要做的其实只是乘地铁去中央公园，而不必支付中医的费用。我轻轻地把灵芝放在篮子里，它们将成为我送给远在马来西亚的老母亲的可爱的礼物。在马来西亚，没有人认为西医和中医的结合会有什么矛盾，大家在必要时使用一切所掌握的手段，这被视为一种明智的保险策略。我甚至可以想象到，当她的朋友来家里做客时，母亲会为朋友们端上来自纽约中央公园的灵芝茶。

跟着加里·林科夫一起穿过中央公园的经历告诉我，当我有一张藏宝图时去采集蘑菇会有怎样的感觉。

我和一个在美国真菌学界享有如同摇滚明星一般地位的人一起在中央公园采了蘑菇，一个新的世界展现在我面前。我应该欣喜若狂，但我没有，事实是我什么都没感觉到。从解剖学上去理解，可能是我的心脏错位了。艾尔夫的突然死亡给我带来了身体、精神和情感上的沉重打击。我身体里的每个细胞都处于红色警戒状态，肾上腺素在不停地分泌。感情会被悲伤麻痹吗？也许悲伤会导致全身失去知觉？也许这就是我完全麻木的原因吧？我几乎失去了感情联系，找不到语言来形容我的感受，唯有悲痛的龙卷风席卷着我。

一堵墙倒塌了，我孤零零地待在外面，任凭风吹雨打。悲伤把我的生命吸干了。尽管身边都是关心我的家人和朋友，但孤独感依旧把我填得满满的。我觉得自己好像已经从内心开始萎缩，剩下的只是一个苍白和愚蠢的外壳。我开始怀疑是否需要换新的眼镜，也常常听不清别人在说什么。嗅觉也变差了很多，食物尝起来像是硬纸板。我的感官几乎失去了活动能力，过去只要闭上眼睛就能睡着，但现在却常常醒着，躺在床上发呆，在黑夜里数着时间。在这样的时刻，我的注意力变得模糊，开始想念过去的自己。订阅的报纸和杂志已经堆积如山，我一份也没有读。我做任何工作都要花费很长时间，不止一次发现自己站在前门不知道该用哪把钥匙开门，忘了在记事本上记下的约会，甚至忘记了吃饭。我不知道自己在那段时间里做了什么，时间从我的手指间悄然滑过。难道这就是一个人永远不能在最后期限前完成任务的感觉吗？我发现自己开始同情那些总是行动迟缓、总是迟到的糊里糊涂的人。朋友给了我一些关于哀悼的书，但那些文字只是在我眼前一字一句地跳来跳去，甚至无法拼成完整的句子。我一直是个书虫，但现在对想读的书都记不起来了。每次一听到熟悉的诗节，我就哽咽了。我也热爱音乐，但却发现无法播放我们最喜欢的唱片。悲伤需要力量来抵御，但是没有一个健身房能够提供这种锻炼。

有一次，我鼓起勇气去朋友家参加一个大型聚会，但不得不在舞会开始前就离开，我无法承受这一切。有个朋友是探戈迷，他为我预约了一节探戈入门课。以前的我会想试一试，但现在已经筋疲力尽了。艾尔夫之死令我陷入深井，冷漠像厚厚的毯子一样笼罩着我，我无法摆脱。电视上有关政治和社会问题的讨论变得平庸且毫无意义。在我看来，评论员在一场秀中扮演各自的角色进行辩论不过是在展示木讷的演技和机械地耍嘴皮子。日常生活中的琐事就更加无意义了，没有什么能引起我的兴趣。生活被冲淡了，我感到一种模糊的、纠缠不清的不安，尽管我不知道如何描述它，也不知道如何阻止它。

我好像穿上了一件隐形衣，世界在没有我的状况下继续旋转着。

“你在哪里找到那个蘑菇的？”

蘑菇爱好者中的永恒话题一定是关于那些不可预测的神秘蘑菇采

集点。大家会对不同的采集点标注不同的等级，有的是可靠的，有的是可疑的，还有的甚至是不可信的。不管哪种等级，具体的地址都是保密的。蘑菇破土后并不容易被发现，即使它就在你的鼻子底下，这是因为它们可以很好地用树叶、草、树枝和松针把自己伪装起来。正因为如此，精确的坐标对于蘑菇采集至关重要，否则就如同大海捞针，一无所获。

蘑菇的秘密采集点不能是那种模糊的地点描述，而是需要非常明确的说明，甚至精确到一棵树的位置。例如，如果你在寻找鸡油菌，那么在落叶树或针叶树下找都是没有用的，你必须寻找与鸡油菌菌丝共生的树。当降雨、温度、局部气候条件和其他关键变量以一种非常特殊的方式重合时，某种广受欢迎的蘑菇就会应运而生。这就是为什么蘑菇采集者在出发探险之前，要对自然界复杂的情况进行各种各样的权衡。雨不该下得太多，或者太少；不要太热，也不要太冷，定期出没的地方上次被访问的时间长度也要考虑在内。预测某些蘑菇什么时候会出现就像占星术一样，当天体完美对齐时，美妙的事情就会发生。当然，在获得你想要的奖赏之前，可能会有很多障碍需要克服。即使在最秘密的采集点，也不能保证你出现时蘑菇就在那里。

在这方面，蘑菇采集者就像经济学家一样，两者总是可以就为什么没有达到预期的结果做出解释。同样的道理也适用于解释所谓的蘑菇年，比如为什么夏初或夏末的高温或降雨的特殊组合导致了一个好的或糟糕的收获季节。

今年是不是一个好的蘑菇年，当然有一定程度的客观判断，但这也是一个态度问题。你的篮子可以叫作半空，也可以叫作半满。那些爱发牢骚的人无论如何都会喋喋不休地抱怨庄稼的收成有多差。

然而，你知道的秘密采集点越多，中大奖的机会就越大。

但是，还有另一个令人沮丧的现实，那就是由于人们猖獗地砍伐树木和暴力地使用推土机，珍贵的采集点遭到了破坏。在每个蘑菇季节开始的时候，社交媒体上都会贴出被砍倒的树木的照片，又一个绝佳的采集点消失了。与志同道合的灵魂分享你的失望是一种治愈，因为他们明白这是一种多么大的损失，你几乎可以听到整个爱好者社群发出的巨大叹息。

任何一个接触过蘑菇采集者的人都会注意到，有经验的采集者会弯下腰，试探性地伸出手，全神贯注地采摘蘑菇。他们会小心翼翼地把蘑菇对着光线仔细研究，然后轻轻地翻过来，把它的底面抬高到鼻子前，进行重要的气味测试。他们绷紧着脸，张开鼻孔，当吸入蘑菇的气味时，鼻孔几乎颤动了起来。如果发现的是一个不寻常的蘑菇，并且正好其他的蘑菇采集者也在现场，那么这个蘑菇就会被传阅，以便每个人都能进行检测。无论有没有放大镜，每个人都会重复整个过程，蘑菇被一次次地检测和传动。在被所有人宣布统一答案前，会有一些反复的讨论。如果无法当场确认蘑菇的身份，任何想继续探寻的人都会带着蘑菇回家，用显微镜和其他辅助工具进行更彻底的检查。尽管对外行来说，这像是一个神秘的教派仪式，但对于蘑菇采集者来说，这就是正常生活的一部分。

当一位蘑菇采集者自豪地告诉其他人一些惊人的发现时，人们通常会问他这些蘑菇是在哪里发现的。这样的问题会引起各种各样的反应。大多数蘑菇采集者已经学会了如何礼貌地回答这样的问题而不泄露哪怕一丝相关的地理信息。但我也见过一些人立刻陷入沉默，让人以为我是在问他银行卡的密码。有一次，我问一位我自认为是朋友的人，他是从哪里找到蘑菇的。我并不期望得到确切的坐标，但我确实希望得到一些大致的位置信息。然而，收到的却是充满戒备、毫无价值的回复："在奥斯陆。"这为他在我的书中留下了一个大大的污点。

还有一次，当我和一个慷慨的蘑菇爱好者出去时，他给我看了他采集到美味牛肝菌（*Boletus edulis*）的采集点。美味牛肝菌是一种广受欢迎的蘑菇，有人认为它是食用菌之王。我朋友带我去的地方是一个很受星期天步行者欢迎的地方。他告诉我曾经如何面对一个严重的真菌学和道德困境。几年前的一天，他偶然发现了一些漂亮的美味牛肝菌，决定把它们留在原来的地方，让它们再长一点，然后几天后再回来。他用一些干叶子盖住蘑菇，这样其他人就不会从小路上看到它们了。他并不是唯一一个使用这种方法的人。最热衷于觅食的蘑菇采集者都会留下一些蘑菇，希望等它们长大一点再采下来，不过重要的是要在别人发现之前再次找到它们。过了一两天，我的朋友满怀期待地回去找他的美味牛肝菌。离采集点还有一段距离时，他看见一个邋里邋遢的流浪汉躺在他的蘑菇上，他的心一下子沉了下去。对于一个狂热的蘑菇猎人来说，这是多么可怕的情境啊！你可能会认为情况不会更糟了，但事实却超乎想象，因为那个流浪汉已经死了，死在了美味牛肝菌的上面。如果是你，这种情况下会做什么？我的朋友一秒钟也没有犹豫，他做了唯一正确的事——报了警。

那天我和我的朋友没有找到美味牛肝菌，但是在寻找时，我总是想起那个流浪汉。

基本上，每个人都会对秘密的采集点保密，所以没人奢望得到GPS坐标，任何提出问题的人一旦发现对方有丝毫犹豫的迹象就会放弃。蘑菇采集者在这方面很敏感，关塔那摩[①]式的审讯方法在这里行不通。当被问到在哪里发现蘑菇时，可以用一些含糊的词来回答，比如说在日向森林或说在东部林地，然后就不再提供细节。你还可以讲一些与采集点有关的信息，比如那里的降雨量和温度，做出一种给予的表现，但其中并没有真正有用的信息。这样你就可以给出一个答案，而提问的人会觉得她学到了一些有用的东西。一个专业的蘑菇采集者往往擅长这种规避策略。

一天，我的一个女性菇友透露了一些秘密，说她在一个我们都知道的地方寻到了口蘑（*Calocybe gambosa*）。

“你在落叶松下面找到的吗？”我问道，因为我知道口蘑有时会生长在那里。

“不，不在那儿，在别的地方。”她回答。我没有再提问。从她的回答中我明白她不想再说什么，我也不应该再深究了。

作为一个新手，当有人邀请你和他们一起去时，你可能会觉得自己很幸运。但失望的风险总是存在的，要知道邀请你去寻找蘑菇并不是邀请你去分享他的秘密采集点。

“我们这次去哪里？”有一次，当我们进入奥斯陆公园时，另一个女性菇友问我。

这里不必爬上陡峭的斜坡，从倒下的树中穿行，或在湍急和泥泞

---

① 古巴东南部海湾，美国在此建立了一座军事监狱。

的溪流中奋力前行，仅仅漫步在城市中，你就可以找到美味的可食用蘑菇。这个公园很大，被分成几个地理上不同的区域。我知道我的同伴在这里发现了很多有趣的东西，所以我的期待很高。但她显然不想告诉我她在哪里获得了最激动人心的发现。如果她想这么做的话，她会带头说，我们走这边吧。我们沿着公园一边的篱笆到处走，什么也没找到，有点小失望。在另一边走了一圈，但依旧没碰上好运气，于是我带她去了一个我经常能找到口蘑的地方。口蘑是春天最早出现的蘑菇之一。然后，我的朋友指着一个地方，说她通常会在那里找到硬柄小皮伞（*Marasmius oreades*），那是一种很小、很好吃的蘑菇。换句话说，我们交换了一些关于非时令蘑菇的“无用”信息，有点像是和亲密朋友分享了一些趣闻。在城市里采蘑菇，我们通常不带篮子，不过会带一些其他装备，比如背包里会放一个纸袋，加上一把小刀。这两样装备在这次事件中都没派上用场，我们最终空手而归，各回各家。和其他蘑菇采集者一起去采蘑菇，而又不泄露自己的最佳采集点，这也是一种艺术。

如果没有人愿意和你分享他们的秘密采集点，可以试着从公共领域的大量信息中去筛选和收集。网站 artsobservasjoner.no 是一个关于挪威动植物的在线信息库，它提供了一个不断更新的物种记录库，其中包括挪威各地的蘑菇。在网站地图上输入你感兴趣的蘑菇的名字，如果幸运的话，就会得到所在地区早期被发现的精确坐标。偶尔我会利用这项服务，效果很好。在其他国家，observation.org 和 inaturalist.org 这样的网站也同样有用。

如果你不了解任何秘密的采集点，利用社交媒体也是一个不错的开始。我从专门为蘑菇爱好者服务的网站和博客上收集了很多关于采集点的建议。这些信息中最主要的内容是报道发现不常见或者大型的蘑菇。在蘑菇季开始的时候，社交媒体的关注重点是找到第一个羊肚菌，这是一个重要时刻，所有的视线都会聚焦于此。6 月份有人报告称“在萨尔普斯堡发现了鸡油菌”，这意味着它们很可能在一周左右的时间内出现在奥斯陆地区。临近年底，大家开始争相报道是谁发现了最后一个管形喇叭菌（*Craterellus tubaeformis*），这一系列活动通常发生在圣诞节前后，不亚于一场竞赛。因此，社交媒体也扮演着晴雨表的角色，监测着整个蘑菇季的波峰和波谷。社交媒体上的帖子也可以为寻找新的蘑菇提供灵感。你仿佛进入了自动驾驶模式，只需睡上一觉，就可以到达新的目的地。与此同时，通过关注网站和博客，可以延长原本短暂的蘑菇季，让你一年四季都沉浸在对蘑菇的探寻中。

蘑菇协会的一些成员通过积极分享他们最喜欢的采集点来表明他们不赞成保密这一习俗的态度。有了网络上的向导，你就不用靠着半张藏宝图去寻宝。如果你根据网络上给予的提示进行系统绘制，就可以逐渐建立一个有趣的采集点索引。然而，需要指出的是，能做到这样的人一只手就数得出来。我发现其中一个特别有趣的人是 R，因为她几乎每天都在更新，而且自然摄影非常出色。后来，我见到了她本人，她主动提出要带我参观她在奥斯陆的一个特别采集点，因为它位于一个私人岛屿上，所以很少有人知道。由于真菌学爱好者的共同命运，我通过一个以前只用社交媒体与之交流的人获得了参观一块秘密蘑菇地的机会，这对我来说是一次新奇的经历。

了解一些特殊的采集点很有帮助，你也可以通过熟悉某些真菌选择的“树伙伴”来增加你未来遇见它们的运气。许多蘑菇与某些特定的树种有共生关系，形成共生体，或被称为“菌根”。发现了这一点后，我对挪威树木的了解程度也上了一个的大大台阶。所有的绿色植物都有所谓的“营养交换伙伴”，真菌为植物提供超过80%的氮需求。因此可以毫不夸张地说，这种相互作用构成了地球上所有生命的基础。如果你想找到鸡油菌，那么最好是在松林中寻找，而不是在牧场或草地上。许多人梦寐以求的美味牛肝菌在松树、冷杉、桦树或橡树林中都能找到。对森林的年龄、土壤和地形也需要有一定的了解。有些蘑菇之间非常合得来，如果你找到了其中一种，很有可能也会在附近找到另一种。比如粉红铆钉菇（*Gomphidius roseus*）总是和黏盖乳牛肝菌（*Suillus bovinus*）一起出现。

我了解到在蘑菇采集者的圈子里有一条不成文的规定，即在你还没有获取他们足够的信任被邀请参观秘密采集点前，不能独自前往搜寻。在没有得到明确许可的情况下自己擅自去了，会让人非常恼火。正如当你发现那些卑鄙的外来者在你的领地上采摘蘑菇时，会感到非常沮丧。和森林中的其他物种采集者一样，蘑菇采集者对这样的秘密采集点有一种强烈的归属感，认为他们对自己先发现的秘密采集点拥有合法的所有权。在他们说话时，物主代词通常会和最重要的事物一起使用，比如他们会说“我的云莓湿地”“我的鸡油菌采集点”等。这种情况一般不是问题，除非你遇到一个声称同一地点他也享有同样权利的人。当不幸碰到了这样的情况，为了缓和紧张局势，你可能需要与对手达成一个默许的协议，为双方确立界线。如果整个事件不能通过一次平静的交谈来解决，双方对所有权的规则没有达成一致意见时，就会出现问题。虽然我从来没有听说过有人为此真的诉诸肢体暴力，但这种情况会引起很多叹息、呻吟和烦恼。而且，尤其是悲伤。最重要的是，一个人的秘密采集点也就不再是秘密了。

缓慢地，但可以肯定的是，随着时间的推移，我的生活模式开始慢慢改变。正是在我去寻找蘑菇的时候，这种新的生活逐渐发芽开花。这些外出活动给了我走出房间、参与到集体生活中去的动力，而不是陷入四壁之内的痛苦中。这也让我更轻松地结识蘑菇协会的人，他们让我感受到自己在郊游中备受欢迎，我被带到奥斯陆和周围一些以前完全陌生的地方。

在这些苔藓覆盖的森林里，我也开始喜欢上了收集其他野生的美味，比如林生藨草、荚果蕨、紫景天、云杉嫩头、柳兰和酢浆草。我曾经把植物简单地看作普通的林地绿叶或者路边的杂草，现在它们却给我提供了新的烹饪体验。随着每次我学会识别一种新蘑菇，结交一个新的菇友，我逐渐融入了协会。而且，尽管我没有察觉，但每一次这样的经历都代表着向充满哀伤的黑暗隧道尽头又前进了一小步。

难怪有人会说经历至亲死亡后整个世界都会变成真空的，每天都有无穷无尽的时间需要去填补。对菌类界的探索于我而言成为了一种度过这种不同寻常的时间的方式。随着对某些森林越来越熟悉，我也会冒险独自外出去采集，只带着我的蘑菇篮子和脑袋里新学到的知识。去我最喜欢的地方就像回家一样，我很清楚该去哪里，不再像一个初学者那样漫无目的地四处游荡。我好像有一张清单，上面列有森林里的具体地点，哪些地方我需要仔细查看。在树林里散步给我带来了内心的平静。我变成了户外爱好者？我是不是也更像挪威当地人了？我不确定，但不管怎样，这种感觉对我来说是新鲜而舒适的。

梦想

我梦想着成为蘑菇协会核心圈子的一员——蘑菇检测员，这样就可以对整个季节从野外采摘的蘑菇进行检查。令我印象深刻的是，蘑菇检测员所拥有的渊博的知识和“使命感”促使他们利用业余时间帮助奥斯陆希望采摘蘑菇的居民。自从艾尔夫去世后，我第一次觉得自己有了目标和方向。

核心圈层

首先，我被真菌学会中那种成员之间的无阶级性吸引住了。直到很久以后，我才意识到，实际上这里也存在着一种无形的等级制度。在一个注重学习的组织中，根据专业水平的高低，成员之间很自然会形成一种等级分明的秩序。虽然这并不是一门精确的科学，但似乎每个人都知道在鉴定一种未知蘑菇时该问谁。未知的真菌总是会被摆在最有知识和能力的人手中。

在外行人看来，这个迅速发展的学会似乎更像是一个“真菌知识崇拜教”，专业的知识赋予他们一定的社会声望。由于科学界的新进展层出不穷，知识的边界被不断扩大。去年还被认为是正确的事情，今天可能已不是这样，所以知识渊博的专家会受到尊敬和重视。真菌界金字塔尖的最顶端往往是真菌学家，他们有学历证书来证明自己的学识。作为一个新手，我无法立即分辨出真菌学专家和认证蘑菇专家之间的区别，因为许多认证的专业人士都非常有知识和经验。在这个群体中，个人地位是按资历排列的，所谓的资历不是一个人的生理年龄，而是他在哪一年通过了检测员的考试，以及作为一个蘑菇检测员的活跃度。这些资深的人士组成了核心的圈子，他们大多数来自社会的公务员阶层。

这群人中有一小部分有机会用自己的名字来命名蘑菇。当然，这样的人屈指可数。值得注意的是，这并不是真菌学家的特权，有不少蘑菇的名字是用一些业余爱好者或者他们配偶的姓名来命名的。

对采集蘑菇感兴趣但缺乏基本技能的人，比如所谓的“周末蘑菇客”，是当地协会推广工作的重点。有些人仅仅只是被这种活动的介绍所吸引，报名参加了有组织的课程和探险活动；还有一些人心态不好，很容易把一项爱好变成高风险的行为。他们认为自己知道的足够多，就不去仔细检查采到的蘑菇。挪威真菌学协会的统计数据显示，在2016年的蘑菇检查中，盛满蘑菇的篮子里有10%发现了有毒蘑菇，其中包含了86种致命的有毒标本。

要想知道一位蘑菇采集者属于哪一类人，最简单的方法就是问他们的篮子里有什么，一切问题都将显现出来。

想要在蘑菇爱好者的圈子里获得一定的认可度，捷径之一就是找到一种稀有的蘑菇。这在一定程度上代表了采集者拥有丰富的经验，但在实际上算不上真正的能力。就像登山爱好者根据爬山的难易程度来排列山峰、观鸟爱好者最重视那些最难发现的鸟类一样，对于蘑菇爱好者来说，最令人兴奋的事情是发现之前从未遇到的蘑菇。有些种确实罕见，因此很难找到，有些甚至在“红色名录”上，也就是所谓的濒危物种。找到蘑菇季第一个羊肚菌或美味牛肝菌也代表了一种认可度，但这种认可度不会持续太久，因为在“真菌知识崇拜教”中，运气并不是最重要的。每年发现的第一个或最大的鸡油菌只会在社交媒体上引起一阵短暂轰动，然后关注点会被其他事件代替。

协会中真正的英雄是那些花费大量时间将他们的发现记录到国家数据库中的人。这些条目信息包含了不同物种分布的图片、它们生长的环境，以及如何随着时间的推移而变化。这种知识对农业管理至关重要，因此，挪威真菌学协会每年都会向当年提交记录最多的人颁发一个奖项。人们不时会在小报上看到因为发现了一种稀有蘑菇而叫停高速公路的扩建或其他建筑工程的报道，这通常是这些数据库里条目的功劳。

蘑菇友谊

秘密采集点在蘑菇爱好者的友谊中扮演着重要的角色。秘密采集点是一种特别好的礼物，用于菇友之间赠予、分享和交换。这让我想起小时候在马来西亚收集的日本卡片。有些孩子总是有很多非常精彩的卡片，每个人都想要。卡片交易是闲暇时分很重要的活动，其中有着许多激烈的讨价还价。一张稀缺卡片作为礼物是永恒友谊的鲜明标志。同样地，秘密采集点在迅速发展的协会中也是一种硬通货，对某人展现自己的秘密采集点代表着一种极大的信任。

因此，当一位新认识的蘑菇爱好者提出要带我去看变黄喇叭菌（*Craterellus lutescens*）的秘密采集点时，我非常感动，这是第一次有人自愿向我展示他的秘密采集点。分享一个秘密采集点可以快速建立更紧密的友谊纽带。突然之间，我们从单纯的熟人变成了菇友。马塞尔·莫斯的小书《礼物》（*The Gift*）是一部经典的社会学著作，书中强调了群体之间的礼物交换是如何影响他们内部的关系的。拥有良好关系的人们会交换礼物，而这些礼物会进一步促进关系变得更好，因为它们将送礼者和受礼者捆绑在一起，就像鸡和蛋的逻辑。根据莫斯的观点，给予、接受以及回报都很重要，这种来往是维系关系的黏合剂，每个送和收礼物的人都理解这个原则。

我的两个新朋友提出要带我参观他们的口蘑采集点，第一年我们只找到了三个口蘑，也就是说每人只收获了一个。口蘑的出现预示着蘑菇季的来到。雪停了，白昼开始变长，趁周围没有出现其他蘑菇之前，掸掉篮子上的灰尘，出去采集，这是最美妙的旅程。正是出于这个原因，当地的真菌学会每年都会组织自己的口蘑之旅，采集地通常是奥斯陆峡湾的霍维德岛或比格杜伊半岛上。虽然口蘑之旅的组织者们从年复一年的活动中吸取了相当多的经验，但依旧很难给出口蘑出现的准确时间。据该协会的资深成员说，在过去，5 月底之前奥斯陆地区从不会出现口蘑，要到 6 月底才出现。然而，可能由于气候变化，如今蘑菇季开始提前了。因此在挪威，未来我们或许能够在 4 月 23 日的圣乔治日[①]当天采到口蘑了。口蘑的俗名是因为它第一次出现在英国时正好是圣乔治日[②]。口蘑矮胖而多肉，有乳白色的菌盖、菌褶和菌柄。许多人认为这种蘑菇有一股强烈的面粉味，其他人则认为它闻起来像制作华夫饼的面糊。这说明，要描述一种气味或为一种特殊气味找到一个满意的比喻是多么困难。奥斯陆的口蘑生长在峡湾附近的白垩土中，但由于容易与某些有毒真菌混淆，所以并不适合初学者采集。春季蘑菇有一个有趣的特点，它们中的大多数都是分解者，也就是说它们生长在地下深处的松果和树枝等基质上。口蘑主要生长在草地和牧

---

① 英格兰传统节日，是英格兰文化的重要部分。

② 口蘑的英文俗称叫作 St George's mushroom，直译为圣乔治蘑菇。

场中，偶尔也可以在落叶林和树篱旁找到。它们经常会长成蘑菇圈，往往年复一年地出现在同一个地点，所以如果你知道一个口蘑的采集点，那么你的蘑菇季就会有一个良好的开端。

拥有丰富的实践知识是通过蘑菇检测员考试的关键，如果想要通过考试，就得尽可能多地和经验丰富的蘑菇高手一起出门。但当我刚刚加入协会时，没有人和我一起出门“觅食”。

因此，我决定在家里举办一场蘑菇主题的晚餐，并请每个来的人带一道蘑菇做的菜肴。我在协会的“脸书”（Facebook）页面上发布了邀请，一些有冒险精神的人接受了邀请。经过简短的介绍，我发现我们是一群非常多样化的人。当天的菜肴十分丰富，有烟熏驯鹿心配白松露鱼子酱、蘑菇馅饼、蘑菇面包、蘑菇酱、雪利酒、味噌、酱烧美味牛肝菌小方饺、管形喇叭菌酱腌生鹿片、羊肉酿双孢蘑菇、鸡油菌油醋沙拉、管形喇叭菌蓝干酪，还有撒着蘑菇脆粒的杏仁海绵蛋糕。

在2月的一个寒冷的日子里，外面下着湿漉漉的大雪，热心的蘑菇爱好者们聚集在一起，话题很自然地聊到了大家的共同爱好上。谈话激烈了起来，大家谈论着曾经采到的蘑菇和今年打算摘的蘑菇，每个人都希望今年的蘑菇季能早点到来。这是一种深藏在心底的渴望，当距离上次去森林已经太久时，这种渴望就会浮出水面。你可以从他们的声音和说话的方式中听出来，这是一种需求，一种对菌类的渴望，真正的蘑菇采集者永远都不可能获得绝对的自由。5月中旬是大家翘首以盼的日子，这些人迫不及待地等待着即将到来的快乐日子。对于协会中较年长的成员来说，这是一项有利于健康的爱好。他们对蘑菇的渴望甚至能把身体最虚弱的人吸引到树林里，促使其加快脚步，当看到远处有蘑菇可以采摘时，他们就弯下身子，伸展年老的肌肉。蘑菇成为了身体和灵魂的食物。有些人甚至愿意在蘑菇季之外的时节出发，他们带着大灯，穿着温暖的冬衣，充满活力，在一片片的雪地里寻找今年最后的管形喇叭菌。我的最后一个管形喇叭菌是在 12 月 23 日摘到的。

今年，我的许多菇友参加了我在蘑菇检测员考试前举办的蘑菇晚宴。

有一次，我的一位蘑菇新伙伴带我和另一位蘑菇新手去公园，在那里我们发现了落叶松蕈属（*Agaricus*）的蘑菇以及几种其他蘑菇，有可食用的，也有不能食用的，但是没能找到大紫蘑菇。不过我已经为自己的收获激动不已，感到非常满足。第二年，我和朋友再次回到这个公园，这次他带我去了另一个地方，他总能在那里找到大紫蘑菇。因为季节还早，地上有点干，他让我给那些大紫蘑菇往常生长的地方浇水。他告诉了我洒水罐挂在哪里，以及如何在地上来回走动，把土地好好地浸湿。这显然不是他第一次在这里给大紫蘑菇浇水。这个小插曲告诉我，分享秘密的蘑菇采集地有时候是分阶段完成的。甚至当你知道了一个秘密采集点时，你可能还没有真正知道最重要的位置。在同一地区，我的朋友可能知道一个更好的地点，如果我们一直是朋友，他就有可能在某一天选择和我分享。

后来我才发现，这位朋友给蘑菇浇水的习惯由来已久。知道在哪里采集美味的蘑菇是一回事，而如何使这些美味加速生长则完全是另一回事。许多年以前，有一次，这位朋友非常希望给一位年轻女子看一些她从未摘到过的口蘑。所以，当他在森林里发现一些小口蘑时感到欣喜若狂，但是已经有一段时间没有下雨了，到了周末这些口蘑能否长到足够大，及时赶上他的女性朋友来访呢？他不能依靠气象学家，所以干脆自己动手。他在车里装上一桶桶水，然后驱车前往森林，亲自为口蘑浇水，以确保它们能在朋友来访时变得又大又好。这个故事有一个非常幸福的结局：浇灌口蘑最终浇灌出了婚礼的钟声。

在加入蘑菇协会一段时间后，我逐渐发现，在最老练的蘑菇采集者的脑海里会形成一张地图，每一个物种发现的时间和地点等细节都会被精确地绘制出来。有些人的描述会非常具体，比如："我是在1986年发现这种蘑菇的，它生长在X区域和Y区域之间。"然而，科学上对记忆的研究得出的主要结论之一是，记忆是不可靠的，容易受到影响，经常捉弄我们。当猎人和渔民明显夸大一天的捕获量时，我们往往会报之以嘲笑。那么我们能确定蘑菇猎人没有同样的夸张综合征吗？我们对自己最重要的采集地的记忆是不是也同样不可靠？你曾经发现的那个美味牛肝菌可能又大又漂亮，但你对具体年份和地点等细节的回忆有多准确呢？为什么一些经验丰富的蘑菇采集者如此确信他们的记忆是正确的？

在一次外出采集的经历中，我似乎发现了答案，因为我找到了一种寻觅已久的稀有蘑菇。在那特殊的时刻，当意识到它触手可及时，我手臂上的汗毛都竖起来了。我立刻知道找到了什么，我在"真菌知识崇拜教"中的地位上升了一个档次，这是一种纯粹的精神升华。就在那一天，我第一次发现了大紫蘑菇。那次我是独自一人，因此有点惊慌失措。我怎样才能尽快确认我的发现？当时有一大群大紫蘑菇，大小不一，让我几乎忘了呼吸。在这之前我从来没有见过真正的大紫蘑菇，它是一种非常独特的蘑菇，所以我很确定我是对的。这种经历就像是吃蛋糕的时候把上面的香草草莓奶油全部吃掉，但一口不吃里面的蛋糕胚那么奢侈。

大紫蘑菇可以长得很大，直径可达 22 厘米。它也很重，我发现的最大的一个重达 300 克。它的棕色菌盖上有鳞片，菌柄是白色的。如果切开菌柄，里面的触感坚实又光滑。想到它就在我多年来上下班的固定路线旁边，这是多么神奇啊。在我还不知道它的存在之前，它就一直在那里，离我那么近，又那么远。大紫蘑菇很少被虫子啃咬，对我来说，它最显著的特点就是气味——一种杏仁的香味。如果你不知道杏仁的味道，那就闻一闻苦杏酒，它用杏仁和杏子做基底。我至今还清楚地记得，在一个偶然的地方找到人生的第一个大紫蘑菇时的那种激动人心的感觉，这是一个奇妙而出乎意料的时刻，它激活了我的记忆传感器，并在我脑海中留下了诸多细节，比如周围的树，斜坡的角度，太阳如何从树枝上落下，等等。我至今能够清晰地回忆起这个过程：我刚刚和两个菇友告别，当日的采集没有任何收获，打算就此作罢。我在回家的时候决定抄个近路，在这条短短的小道里，树木相当茂密，一边是高大的树木，另一边是一些低矮的灌木丛，平常只有行人和骑自行车的人使用这条狭窄的通道。突然，我看到了山坡上一棵高高的树下有蘑菇，于是走上山坡去仔细看看。我搔了搔蘑菇的菌柄，一股杏仁的香味扑面而来。我立刻知道自己中彩了。

科学家将这种非常详细的记忆称为“闪光记忆”，常常由一些戏剧性和情绪化的事件引起。所以对于老一辈人来说，“当你听说肯尼迪总统被暗杀时，你在哪里？”会让他们生动地回忆起那一刻。一些科学家认为这些闪光记忆是确实可信的，因为它们是基于自然的情感，对个人有某种特殊的意义。可能正是这种闪光记忆让蘑菇采集者完美地用3D模式记住了他们最重要的发现。不管是什么原理，对我来说，第一次发现大紫蘑菇的经历很有可能决定了我成为一个蘑菇狂热爱好者的命运。

突然被人抢走秘密采集点也是一件非常可怕的事情。我只给两个人展示过我的大紫蘑菇采集点，其中一个是可靠的菇友，他跟我分享了很多他守卫最严密的采集点。如今我能报答一下他的好意，以便恢复平衡，要知道之前这种分享都是单向的，我一直是受益的一方；另一个是我的好朋友J。他对蘑菇没有特别的兴趣，但是正巧我第一次发现大紫蘑菇时没有开车，他成为了我的司机。可惜的是，就在那之后，他很随意地把我的秘密透露给了一个碰巧谈起话来的人。当我听到这个坏消息时，简直不敢相信自己的耳朵，几乎要哭了。我无法理解怎么会有人如此粗心大意，尽管J可能没有意识到他所做的事情的严重性。那个地方对他来说或许毫无意义，但对我来说却价值连城，毕竟，这是唯一一个完全属于我的采集点。但就在我对这种“背叛”感到愤怒时，我注意到自己瞬间变成了一个真正的蘑菇采集者。在我拥有秘密采集点之前，曾听说协会成员对于秘密采集点是多么敏感时并没有多想。这很像温水煮青蛙的实验，在这个实验中，青蛙没有意识到水越来越热，直到最后一切都来不及。我对蘑菇的痴迷是不是跟它们一样了？我变成了一个令人难以忍受的怪胎吗？我已经慢慢地成为一个疯狂的蘑菇采集者，以至于自己都没有注意到吗？

伴侣往往是第一个注意到他的另一半得了蘑菇狂热症的人，据说蘑菇狂热症患者中的离异人士都曾被自己的另一半下过通牒：要么选择蘑菇，要么选择婚姻。对于这些人来说，收集蘑菇占用了太多的时间、金钱和橱柜空间。但绝大多数的配偶则以善意和鼓励回应自己的另一半，他们对伴侣的蘑菇兴趣持有宽容和尊重的态度，就像奥运会运动员的后援队一样，这些家庭成员甚至愿意随时提供帮助。他们开车带着蘑菇采集者出去，把蘑菇捡起来，清理并吃掉，陪他们到世界其他地方探险，并愉快地参加各种活动。他们会戴上国际蘑菇节的帽子、徽章，穿上 T 恤，一些人甚至自己也参加了检测员考试。

挪威真菌学协会的一位资深成员向我介绍了很多采集点，他对奥斯陆地区的许多地方都很熟悉，当我们到达一个采集点后，他愿意再驱车几英里带我去看看不远处的另一个采集点。这位特别的朋友总是在他的车里放着几个篮子和其他的搜寻设备，以防万一。因此，一个原本短暂的采集点之旅很容易变成一个历时一整天的探险。

经过多次一起出行，我们达成了有效的分工。他开车，我负责探察，你可以称我们是在开车寻菇。如果我看到一些可能有蘑菇的踪迹，就会让他停下来。然后我就跳出去看看是否真的有什么值得下车探察的，一般来说发现的都是常见的可食用蘑菇，如鸡油菌等。随着年龄的增长，我的菇友的后背变得越来越僵硬，所以他需要先评估地上的蘑菇是否值得自己弯下腰来拍照和拾起。尽管他更希望蘑菇能够自己跳到他的怀里来，但当我们发现有趣的东西时，他仍会轻声哼着歌，露出心满意足的表情。

我的这位菇友经常告诉我他有一个绝密的采集点，那是他一个已故的菇友带他去过的地方。在一起旅行了很多次之后，有一天他建议我们开车去兜风，说有一个特别的地方想带我去看看。我没有想太多，但当我们到达那里时，我的朋友说："你千万不要把这个地方告诉任何人。"他以前从来没有这样说过，在他介绍给我无数采集点时也从来没有这样说过。那时我知道我脚下的位置就是那个绝密的采集点，我感到既荣幸又幸运。

检测员考试：蘑菇采集者的成年礼

挪威自 1952 年起就为蘑菇检测员开设了培训课程。建议有抱负的检测员在完成培训课程一年后才参加考试，以确保知识真正被吸收，而不仅仅是通过突击学习获得的。通过考试的人可以为当地协会的蘑菇检查提供帮助。工作还包括挑选出那些"对蘑菇不那么有兴趣的成员"，让更有经验的成员结对进行指导。这一制度相当独特，无论是在知识培训还是实地操作中，它都是世界上独一无二的。当我听说这个认证制度时，对蘑菇检测员的尊敬度大大增加，他们是在对人们的生命和健康负责。

其他斯堪的纳维亚国家，比如瑞典和丹麦，都没有挪威的这个体系。在挪威，蘑菇检测已经非常成熟，公共机构在其网站上引导人们去挪威真菌学协会进行检测。在斯堪的纳维亚半岛以外，人们的态度更是自由放任。在法国，人们曾经可以把蘑菇带到药剂师那里，因为鉴别和使用蘑菇及其他真菌是药剂师培训的一部分。可惜的是，现在的情况已不再如此。如今，当法国人把他们发现的蘑菇交给药剂师时，他们会被建议把它们全部扔掉。在我参加的地中海地区真菌学和蘑菇节上，和我交谈的法国人对挪威蘑菇检测员考试非常感兴趣，非常羡慕这种有组织的课程和官方考试的模式。

我记得走进考场的那一刻，沿着一面墙放着一个长长的餐具柜，在一排纸盘上，摆着等待我的试验蘑菇。首先是一次实践性考试，我得按照考官确定的顺序一个接一个地辨认。通常一个盘子里只有一种蘑菇，但有时两种相似的蘑菇会混放在同一个盘子：比如金黄鸡油菌和鸡油菌，或者管形喇叭菌和润滑锤舌菌。考试委员会不厌其烦地指出，这并不是因为他们想给应试者设下陷阱，而是因为他们希望看到应试者在现实生活中的反应能力，这种情况在实际采集中会经常出现。

我坐在房间中央一张长桌的一端，在房间的尽头坐着协会的行政主管，他是观察员。审查员坐在我们中间，面无表情，一言不发。主考官是唯一一个在场内移动的人，在我和餐具柜之间轻快地穿梭，源源不断地给我提供测试用的蘑菇。大家都很专注，考试进行得很快，根本没有时间闲聊。虽然我事先对三个人进行了自我介绍，但他们的肢体语言强调了这个场合的正式性和严肃性。

这个过程很快就结束了，我辨认出了“端”给我的所有蘑菇，但过程中还是花时间检查了每一个蘑菇，把它们翻来翻去，按照老师教我的那样闻了闻。我在走廊里等了一会儿，不久我被叫了进去，并被告知了结果：我通过了！我成为了认证的蘑菇检测员！四周都是笑容，我们正式地握手，然后我拿到了证书。我非常激动地完成了这个仪式，甚至在它被递给我的时候行了屈膝礼，这是我参加蘑菇初学者课程以来一直耳闻的仪式。那时候，能辨认出 150 种蘑菇似乎是一个遥远的梦想，但现在我也成了核心圈子中的一员。

我想艾尔夫会为我感到骄傲的。

现在，我可以把检测员的徽章挂在脖子上，为那些不太确定他们发现了什么的人检查蘑菇。我真的可以拯救生命了！而且我也可以和核心圈内其他成员一起参加蘑菇季开始前协会的启动会和结束时的总结会。在总结会上，我们会宣布当年通过蘑菇检测员考查的成功者。通常在这些会议上，也会有一些蘑菇爱好者才会感兴趣的演讲。一位专家详细讲述了他们 30 年来寻找直径不到 1 毫米的盔盖小菇。而橙黄小菇、美男小菇、粉色小菇和血红小菇这些名词则把整个演讲提升到一个更抒情的层面，让人感觉像是一种艺术。

我的一个女性菇友对我参加考试很不高兴。她的观点是，蘑菇是一门发展缓慢的、逐渐成熟的科学。这也许就是为什么大多数的考生都会认为他们必须在完成课程后等待整整一年才能参加考试。我原本也这么想，但后来发现任何人都可以随时申请参加考试，甚至不必参加 40 小时的初学者课程都没问题。这种不实的谣言可能是那些急于强调蘑菇知识需要时间才能消化和化为己用的人传播的吗？我通过考试这一事实丝毫没有改变我朋友的意见。当我告诉她我已经通过时，她仍然说我应该等待。

无情的悲伤过程

根据国家记录，我现在既不是已婚也不是未婚，而是属于另一类：丧偶。虽然这个身份在社会上可能并不明显，但属于这个群体的成员可以互相点头致意，像是某一品牌汽车的车主之间的互相认同，或者秘密兄弟会的成员。

我非常尽职尽责地参加了由一个天主教慈善组织运营的丧亲互助小组，该组织是朋友非常好心推荐给我的。我看了看我们组中“年轻的丧偶者”，其中大多数是和我差不多在同一时间失去了伴侣的女性。她们中有些人是新婚的，另一些人已经有了长期的婚姻关系，有些人甚至有年幼的孩子需要照顾。有些人的雇主富有同情心，有些则不然，因此只能偶尔在这个互助小组里待上几个小时，这是他们唯一能让自己沉浸在悲痛中的时间。其中一些可怜的人不仅承受着丧亲的悲伤，而且与其他家庭成员还有矛盾。

我第一次参加这个丧偶互助小组会议时并不愉快，我不确定这样的活动对我是否合适，但那时每次我谈起艾尔夫都会泪流满面，因此我觉得自己需要支持，我还不知道其实一些非常细微的事情和想法都可以打开我的内心。既然这个组织有很多丧亲辅导的经验，我决定按照这个计划去做，不问太多问题。

在这个组织中，我可以做自己，不需要戴任何面具。互助小组的另一个作用是能让我看到自己在从痛苦中逐渐解脱。这是一个开放的组织，意味着不时会有新成员加入。听那些刚刚失去亲人的人谈论他们的丧亲之痛总是很痛苦的。我记得有一个女人，她的眼睛一直盯着地板，发现自己说不出话来。尽管她一言不发，但大家都很同情她。当我谈到艾尔夫的去世时，整个人立刻又陷入了混乱的情绪之中。但与此同时，我开始逐渐意识到，在悲痛的过程中，我已经走了很远。我可以回头看走过的距离，但我也可以看到前面的路。对大多数人来说，这可能是从这样一个互助小组得到的最大好处。

丧亲之痛像一堵冰冷的混凝土墙，身体里的每一根骨头都因撞到这堵冷墙而感到疼痛。悲伤会削弱免疫系统，小组里的每个人都无一例外谈到经常要去看医生。我们都想方设法来缓解自己的悲伤，一些人试过冥想，另外一些人去过温泉疗养院或度假地。我们都陷入了绝望，花费了大量的精力和其他资源，试图找到弥补我们的损失的方法。但是，我们必须接受的是，没有魔法可以让人起死回生。

一个人能选择不悲伤吗？一个人能随意地选择自己的快乐和悲伤吗？

有一件事我可以肯定：哀悼的过程并不是循序渐进的。它很复杂，充满了不确定的部分。从极度悲伤到无悲伤的状态转换，没有一个笔直的、可预测的箭头。悲伤的道路是曲折的，所谓的前进不由你控制，死亡以意想不到的力量袭击了互助小组中的每一个人，没有谁为这个过程做好了准备。

人们常说，“如果有什么我能为你做的，就打电话给我”。

问题是我不知道我需要什么。显然，对于如何在丧事中支持一个人，并没有标准的公式，但对我来说，在艾尔夫死后，我对朋友和熟人的理解发生了很大改变。我原以为那些坚如磐石陪伴在我身边的人却不再露脸，而其他一些以前处于友谊边缘的朋友却提供了源源不断的帮助。他们没有放弃我，而是伴随着我悲伤的脚步一路前行。虽然只是一个个瞬间，但却温暖了我的心。比如U，他是一位忠实且富有创造力的朋友，有时下班后他会亲自过来帮忙，购物袋里装着做一顿饭的所有食材。我则坐在厨房的桌子旁，看着他做晚饭。毕竟，悲伤的人也需要吃东西。

“你好吗？”人们会问。

三个小字，代表着一个简单的开场白，并不需要谈论多么重要的事情。后来我发现，我和其他许多人一样，最需要的是承认自己失去了重要的东西。对这个问题的任何回避策略都会产生完全相反的效果。若是喋喋不休地谈论这个、那个和其他的人，唯独避之不谈艾尔夫，并不能给我带来什么安慰。我认为对我当时真正需要的东西视而不见是对我痛苦的一种侮辱。我不需要多么智慧的话语，需要的只是对我处境的认可，让我不需要隐藏感受。我意识到，有些人本身非常害怕死亡，以至于他们除了小心翼翼地回避这个问题之外，什么也做不了，但我发现很难接受他们的恐惧比我感受到的悲伤更严重这一事实。就我而言，似乎只有少数人能够判断出我在悲痛过程中到达了什么阶段，所以和一群同样悲伤的人在一起是一个不错的选择。

小组内反复讨论的一个话题是我们周围的人缺乏同情心和理解力。这是我个人的想象，还是朋友和熟人像瘟疫一样在避开我？是因为他们不知道该对我说什么吗，还是他们害怕死亡？抑或是觉得难以应付这种悲痛？当我提到艾尔夫的时候，如果他们不接话，就是一种背叛和懦弱，是对艾尔夫短暂生命的背叛，是拒绝承认我痛苦的懦弱。这是一种对我们曾经伴侣的否定，他们被无声地抹去了。

第一年，我参加了圣方济各会的万灵节仪式。我很惊讶地看到有这么多人，而且我们在年龄、性别和其他外表特征上都是如此不同。如果我在街上遇到这些人中的任何一个，永远不会知道他们是如此悲伤。所有的这些人都失去了人生之锚，独自漂泊在世界上。当沉重的悲伤被隐藏起来时，它会变得私密和孤独。万灵节的仪式简单而引人注目。当我们出发的时候，大厅里一片漆黑，但当每个人都为失去的亲人点燃蜡烛时，房间里充满了美妙的光线。这些光不仅照亮了房间的每一个角落，也照亮了我们的心灵。但是，当我最后离开时，仍然禁不住想到大厅中那沉重的悲伤，而我们周围的世界对此却熟视无睹。

这与马来西亚的做法形成鲜明对比，那里有很多与死亡有关的仪式。其中包括马来西亚华人的习俗，即在一个人死后的七个星期内，每七天做一次仪式，然后是第一百天再做仪式，再然后是他们去世的周年纪念日。我选择了一个“轻松”的版本，纪念了第一百天，安葬了艾尔夫的骨灰，然后在他一周年举办了纪念仪式。看到有那么多人参加了纪念仪式，我感到很惊讶，也很欣慰。我猜想他们不是为了我才来的，他们在以各自的方式哀悼着艾尔夫。

淡去的“寡妇”标签

很多人带我去采蘑菇，给我看了他们的秘密采集点，我觉得是时候请我的新朋友来吃饭了。当我们围坐在桌旁时，我突然意识到我的这些新朋友根本不认识艾尔夫。面对这些新参加晚宴的朋友们，我并不像对待我们共同的老朋友那样，需要贴着一个大大的“寡妇”标签。

对于我来说，这是一种奇怪的感觉，在我的整个成年生活中，从来不需要对艾尔夫解释什么事情，他一直是我生命的见证人。但是当我失去了这个生命的见证，我也就失去了自己的一部分。

在这一刻，我意识到我生命的新篇章开始了。

蘑菇疑虑

我是在斯塔万格做交换生时认识艾尔夫的，那是在一场邻居举办的聚会上，我刚从马来西亚离家到那里一个月。他当时给我的印象是一个温柔且友善的年轻人，留着一头浓密的金黄色头发。他也是我遇到的第一个不用查手机就知道马来西亚在哪里的挪威人。他很好奇，问了一些有趣的问题，我们聊了一晚上，这样的谈话在以后的生活中贯穿始终。我过去常常在放学回家的路上去图书馆，有时会在那里碰到他，因此我开始经常去图书馆。事情就这样开始了，就像一部浪漫喜剧一样，发生在书架之间。那个时候我太年轻了，关于选择人生伴侣这种大事，根本屁都不懂，以至于父亲总是说我中了“好丈夫彩票”的头奖。

蘑菇从来没有跨进过艾尔夫家的门槛，不仅野生蘑菇没有，商店里售卖的品种都没出现过，甚至连比萨上的蘑菇片对我的公公婆婆也没有丝毫的吸引力。当冷冻比萨作为一种来自国外的最新产品出现在挪威超市后，也不曾出现在他父母家里的菜单上。这并不是因为吃加工食品被认为是不健康的，而是因为它是新的而且来自国外。

当许多人通过为餐桌寻找新的美味佳肴而进入蘑菇领域时，也有同样多的人会对“蘑菇”这个词嗤之以鼻。这两种截然相反的观点反映了一种在挪威长期盛行的两极状态。

一个偶然的机会，我发现了一部由挪威民族学研究所（NEG）编制的档案，它位于比格多半岛的挪威文化历史博物馆中。挪威民族学研究所成立于 1946 年，是一个文化档案机构，收集了四万多份关于挪威日常生活各方面的个人资料。1997 年，挪威民族学研究所发出了一份题为“蘑菇和浆果”的调查问卷，并收到了 198 份答卷。这份长达四页的调查问卷以简短的介绍开头，上面写着：

> 我们有兴趣知道人们在森林和田野中采集了什么，这些行为是源于传统还是一时的兴趣，以及社会因素在这些活动中起到了什么作用。我们对如何保护各种类型的野生植物以及在家中如何食用它们也很有兴趣。因此，我们希望得到一些食谱。调查的内容包含：采集了什么；如何保存它们；如何食用不同种类的浆果和蘑菇，以及这些行为在你的一生中发生了怎样的变化。我们更感兴趣的是你的个人经历，而不是一般的观点。欢迎提供与本调查表所述各点有关的具体事件和经验。

我打电话给挪威民族学研究所，想去拜访他们，看看这些档案。我在约定的时间到了那里，发现春天已经降临在了挪威文化历史博物馆。鸟儿们在争论谁能最大声地啁啾报信，述说光明的日子已经到来。我穿过民俗博物馆的员工入口，进入一幢有厚石墙的建筑，然后被引导上了楼梯，进入一间一侧有窗户的图书馆。一张单独的桌子上放着一叠文件夹，每个文件夹里都是手写的问卷答复。这个地方只有我一个人，我是那天唯一在那里工作的人。挪威民族学研究所的联系人告诉我，除我之外只有一个人对蘑菇和浆果的调查问卷表现出兴趣。直到我来到比格多的那一天，这些回信一直在档案里躺了几十年。我感到很荣幸，迫不及待地想看看会找到什么。

从调查中可以清楚地看到，尽管大多数受访者有采摘和食用浆果的习惯，但只有少数人采摘了蘑菇。但是那些既不摘也不吃的人的回答也很有意思，因为他们反映了一部分人的态度。当时人们认为蘑菇不适合人类食用，是一种劣质食物，即使在粮食短缺的战争年代，这种态度也很盛行。有几个人写过蘑菇是如何被作为动物饲料的。一位受访者写道："自己宁可吃土豆也不吃这种牛的饲料。"另外一位来自奥普兰地区的妇女写道："我记得母亲告诉我，她还是个小女孩的时候，当过挤牛奶的女工。一天晚上，当她出去挤牛奶的时候，奶牛不见了，她找到大约 5 英里（约 8 千米），看到了奶牛最喜欢吃的蘑菇，多亏了这些蘑菇，她才找到了走失的奶牛，那天母亲直到深夜才回家。"换句话说，人们对野生蘑菇的反感由来已久。和现在一样，对孩子们来说，蘑菇只能看，不能摸，更不能吃。不过为了获得一点简单的乐趣，踩它们一脚是可以的。

当时，蘑菇在餐桌上非常少见，以至于许多参与者描述了他们第一次吃蘑菇的情形。一位来自东福尔郡的女士写道："我认识一位住在我们家附近的老太太……她喜欢吃鸡油菌和马勃菌。她会带我去她家，把它们烤熟。就在那时，我学会了辨认这两种蘑菇，从那以后，我自己也开始采集鸡油菌，尽管我的父母对蘑菇都很警惕。”虽然一些敢于品尝蘑菇的人都非常惊喜，但其他人则觉得它们“闻起来怪怪的”或“恶心”。

尽管有这样的疑虑，许多人报告说他们成年后偶尔会吃蘑菇。比如说，“蘑菇是人们在酒店里吃的东西”。它们通常与节日和特殊场合联系在一起。一个人写道：“过去我们想犒劳自己的时候，就会去买蘑菇。”20 世纪 70 年代，炖菜的食谱开始充斥女性杂志，罐头蘑菇曾被描述为“使一顿饭变得美味可口”。一些敢于尝试新鲜事物的家庭主妇开始用罐头蘑菇，这种蘑菇可以以两种形式购买，一种是整的，一种是切片的。一位受访者写道：“我好像记得我爸爸说过蘑菇是很美味的食物。”由此我们可以看出，这不仅仅是蘑菇是不是食物的问题，它们还是社会阶层的标志。蘑菇是一种时尚的象征，社会地位较高的人对它很熟悉，也会毫不犹豫地吃下去。

城里人、牧师、教师、受过良好教育的女士，或者走在时代前列的艺术家，这些人可能会提着篮子去采蘑菇。他们代表了挪威当时的蘑菇先锋派。蘑菇给他们带来的快乐和如今的我们差不多。一位来自瑞格的女士写道：

> 我们是野外指南的忠实用户，这最终让我们学会了辨识许多不同的蘑菇。我们不会去冒险，当有任何疑问时，会去食品咨询局或去对蘑菇很精通的人那里寻求帮助。我记得在我大约十岁或十二岁的时候，父亲站在旧火炉旁，在一个大锅里焯蘑菇。我们四个孩子站在他周围，等着品尝这种美味。在一次小小的晚间探

险之后，会有酥脆的炒蘑菇，或者奶油酱炖蘑菇，而父亲就是那位自豪的厨师。这些采集蘑菇的探险活动有几个好处：呼吸新鲜的空气，锻炼体力、视觉和听觉，以及餐桌上的食物……当我们还小的时候，总是带着一个朴素的炉子、一个煎锅、人造黄油和盐，就可以对森林所提供的可爱美食进行品味。用手指直接从平底锅里夹出酥脆的炸蘑菇吃真是太有意思了……

当人们听说我喜欢采蘑菇时，总是产生相同的反应。他们通常会给我讲一个蘑菇中毒事件，或者说有谁在晚宴上吞下了有毒的蘑菇后，最后不得不去做透析。这些潜台词的意思很清楚："蘑菇是个危险的东西！"

蘑菇怀疑论者无疑会问："既然你能在商店买到蘑菇，为什么还要费心去采呢？"虽然他们听说蘑菇有毒，但只有极少数人会从买来的比萨上拿掉蘑菇片。但在挪威的历史上，把蘑菇与腐烂和霉菌联系在一起的人一直很多，至今依旧如此。

挪威国家毒物信息中心的求助热线每年会接到约四万个来电。多年来，关于不同类型的咨询电话所占比例基本保持不变。在所有咨询中，约 40% 涉及技术或化学产品，约 40% 涉及药物，约 10% 涉及"杂项"，约 10% 与植物、动物和真菌有关。换句话说，很少有人打电话询问蘑菇中毒的情况。当谈到蘑菇中毒时，尤其对于那些讨厌蘑菇的人，现实和他们的想象差距非常大。

蘑菇爱好者和蘑菇恐惧者之间的差别就像白天和黑夜一样明显。蘑菇爱好者采蘑菇时是极其谨慎的，他们会不断积累知识，努力将风险降到最低；对蘑菇恐惧者来说，蘑菇是潜伏在森林里的死神。他们所看到的都是中毒的危险，终身透析，甚至更糟的结局。他们认为采蘑菇是一种极端的行为，而吃自采蘑菇，无论采摘者的专业水平如何，都是一种不负责任的行为，有着巨大的风险，像是在玩俄罗斯轮盘[①]的赌徒。蘑菇恐惧者还有一个终极论点，那就是“人类终将会犯错”。不管你多博学和细心，事故总是会发生的，只是时间问题。这让人百口莫辩，因为这确实在逻辑上是正确的：中毒的风险永远不能降至零，甚至蘑菇专家也会犯错误。只要你食用野生蘑菇，你就不能完全预防中毒。但即使是蘑菇恐惧者也应该知道，去坐汽车或与一个刚认识的人一起在晚间走路回家也会有风险。这些蘑菇恐惧者甚至也沉迷于一些活动，而这些活动产生的伤害和事故在统计学上要比食用蘑菇中毒的概率还要大。我的结论是，蘑菇恐惧者厌恶蘑菇的原因并不是它真的危险。这只是一个借口，一种把他们的恐惧伪装成简单而明智地避免危险行为的方式。不需要他们开始描述那些会中毒的晚餐或者站在道德制高点上开始说教，我现在隔着一英里就能闻到蘑菇恐惧者的气味。我实在没兴趣和这些把采蘑菇当作是在养毒蛇当宠物的人聊天，但我还是会闭上嘴，努力保持微笑。

在 19 世纪，当蘑菇第一次出现在挪威的餐桌上时，它主要出现在受过良好教育的家庭。这与大多数其他国家的情况形成了鲜明的对比。奥拉夫·约翰·索普（Olav Johan Sopp）博士（挪威真菌学的先驱，他为了突出自己对真菌的巨大热情，将自己的名字从 J. Oluf

---

① 一种自杀式的赌博游戏，许多国家法律明令禁止。

Olsen 改为 Olav Johan Sopp，“Sopp”是挪威语中蘑菇和真菌的意思）在 1883 年出版的《食用菌》一书中写道：“在世界其他地方，采集、食用和销售蘑菇的都是穷人。”但是在挪威，是时髦的精英们，他们在去世界各地的旅行中、在优雅的餐厅和盛大的社交聚会上吃蘑菇。他们把这种复杂的烹饪技术带回了挪威，但是那些从未离开过这个古老国家的人往往不那么开明，他们几乎没有受过什么教育，往往对他们所认为的绅士的饮食习惯持怀疑态度，尤其是对蘑菇的偏爱。

如今，当我遇到一个蘑菇恐惧者，我会告诉自己，他可能来自一个贫穷的农村家庭，有着单一的生活习惯；他可能会吹嘘自己有本科学历、一份好工作或是一个地点不错的家庭住址，但在我看来，这种顽固的对蘑菇的恐惧态度说明了另一面。世世代代的偏见、无知和缺乏好奇心已经滋生出了强烈的不理性，这不是我能够解决的。我既没有耐心，也没有欲望想要拯救我的朋友。这是他们的问题，他们已经决定认为蘑菇比狼更危险。当我遇到这样的人时，我的想法是：蘑菇恐惧者越多，那么我们这些蘑菇爱好者就可以独享更多的蘑菇。我不像索普博士那样耐心，他孜孜不倦地对真菌进行科普。但让我感到欣慰的是，1758 年土豆被引入挪威时也遇到了极大的质疑，人们根本不愿意吃土豆，更不用说种植了。

哪些蘑菇可以吃？

作为刚加入协会的一名新人，我惊讶地发现一系列蘑菇食用标准实际上是挪威人的发明。挪威蘑菇食用标准清单于2000年首次拟定，对挪威的蘑菇专家来说堪称法律，蘑菇检测员需要严格遵守其指导方针。这张清单的产生是为了建立一个共同的实践守则，从而避免出现以下情况：一种蘑菇到底能不能食用因检查点不同而有不同的答案。一些检测员私下里可能认为一种蘑菇是珍馐，而另一些人则认为它根本无法入口。标准清单的设计是为了调节这种不平衡，将被检查的蘑菇分为四类：可食用、不可食用、有毒和剧毒。

该清单会根据研究结果定期更新，这可能会导致某些曾经被认为有毒的蘑菇被无罪释放，比如浅赭色球盖菇（*Stropharia hornemannii*）。最近的研究也导致一些以前被认为是可食用的蘑菇，如蜜环菌（*Armillaria mellea*）和油口蘑（*Tricholoma equestre*），如今被视为有毒。

有一次，我和我的菇友 K 在森林里发现了一大群蜜环丝膜菌（*Cortinarius armillatus*）。我们都知道这个物种现在被归为“不可食用”一类，但我们也都知道许多守旧派一直还吃这种蘑菇，他们对列表的更新并不在意，更相信自己的经验。K 刚刚在瑞典的社交媒体上读到，一些人称赞蜜环丝膜菌是所有蘑菇中最好吃的。因此 K 宣布这次他要弄清事情的真相。他的家人都不在身边，所以他可以在不危及他们的生命和健康的情况下进行测试。我帮他挑选了蜜环丝膜菌，他很快就收获了满满一篮子新鲜且柔软的蘑菇。他高兴地回到家里，准备为蘑菇世界尽一份力。

那天晚上晚些时候，我给他发了一条短信，问他那些蘑菇尝起来怎么样。他说还没有吃，但他打算明天吃。第二天我又给他发了短信，很快就收到了回复，他说已经吃过了，觉得它们很美味。可见这个清单在他心里的分量如此之重，K 为了完成这个任务，鼓起了很大的勇气。我的好奇心被激起了，我应该如何去看待这张清单呢？

例如，为什么有必要区分“有毒”和“剧毒”？我得到的理由是，如果一个篮子里的蘑菇与“剧毒”类别的蘑菇接触，它们就必须被全部丢弃，但如果里面的蘑菇只是被认为“有毒”，那么没有必要采取如此严格的措施。由于K食用蜜环丝膜菌的记忆一直在我脑海中挥之不去，那么那些被归类为“不可食用”的蘑菇又代表着什么呢？

协会网站上的定义如下所述：“不可食用”是基于口味和大家的习惯判定的。管理这份清单的专家可能不喜欢美味蜡伞（*Hygrophorus agathosmus*），因为它很难闻。但至于它能否食用则完全是另一回事，稍微搜索一下就会发现这种蘑菇是可以吃的，有些人甚至认为它的味道类似杏仁。美味蜡伞也在我个人的可食用蘑菇列表中，这让我觉得我在口味和习惯方面的偏好可能与那些对标准更新有最终决定权的人有所不同。

我不记得自己第一次听说在科罗拉多州特莱瑞德举行的一年一度的蘑菇节是什么时候的事情，但我记得节日游行的照片，每个人都穿着某种蘑菇主题的奇装异服。这一切看起来相当疯狂和怪异，但这正是吸引我的原因，因此它成了我很想参加的蘑菇节。所以，有一年，当终于有机会去参加特莱瑞德的蘑菇节时，我欣然接受了。就是在特莱瑞德，我第一次吃到了一种小小的鳞形肉齿菌（*Sarcodon imbricatus*），这是一种在列表中被认为是不可食用的蘑菇。我有点困惑地发现，我真的很喜欢那浓烈的鳞形肉齿菌汤。

我向当地社团中经验丰富的成员提出了这个问题，他们告诉我，虽然某些蘑菇可以食用，但它们可能非常小，不值得收集来作为食物。其他最终被归为“不可食用”的蘑菇，则因为它们是否有毒还不确定。

显然，可食用蘑菇被归入“不可食用”类别的原因有很多。我被告知这份标准清单首要的作用是作为一份蘑菇检验手册，在这种情况下，想要检查蘑菇的人有时队排得很长，往往很少有时间对他们进行详细说明。

然而，对于感兴趣的蘑菇采集者来说，标准清单也确实提供了关于最常见蘑菇可食性的最新信息。

充当“蘑菇警察”或“品味仲裁者”不是建立标准清单的目的，但在事实上，它或多或少充当了这样的角色。尽管针对某些属于“不可食用”类别的蘑菇有一些描述，但其中一些非常敷衍。例如，对于一些蘑菇，评论栏里只说有“难闻的气味或味道”。但是，我们知道，嗅觉和味觉是高度主观的。此外，有些蘑菇在油炸时味道可能不好，但用其他方法烹调时味道却很鲜美。因此，如果有一份不以主观喜好为基础的标准清单的扩展版本是最好的，这将为人们提供足够的信息来决定他们是否选择吃一种蘑菇。虽然采摘到吃一顿饭的蘑菇需要花费大量的时间和精力，但是否选择去采一只非常小的可食用蘑菇也是个人的选择。关于这个问题还没有最终的结论——关于什么信息应该被包含在标准清单上，在蘑菇界是一个高度敏感的话题。

在边缘

人类学对社会的贡献之一是提出了一个叫作“过渡礼仪”（rite de passage）的术语，这个术语是法籍荷兰裔学者阿诺尔德·范热内普（Arnold van Gennep）在 1909 年提出的，用来描述一种标志着一个人人生新阶段的仪式。洗礼、坚振礼[①]、婚礼和葬礼都是“过渡礼仪”。范热内普用房子作为社会的隐喻，房子里的许多房间代表不同的社会子群体。根据范热内普的说法，一个人从一个房间到另一个房间要经历三个阶段，包括分离（从一个群体中分离），合并（进入一个新的群体中），以及边缘（既不在旧群体中，也不在新群体中）。

拉丁语 līmen 的意思是“门槛”或“边界”。“limbo”这个词与 limen 来自同一个词根，在罗马天主教里，指的是介于天堂和地狱之间的地区。那些没有在天上与神同得永生的喜乐，被困在无人之地的人，在这里受苦受难。他们也许逃脱了下地狱的惩罚，但天国之门也对他们关闭了。

我结过婚，然后突然变成了寡妇。到目前为止，我在哀悼迷宫中的旅程处于一个漫长的边缘阶段，这让我无路可走。

在边缘阶段，你所熟悉的一切、你认为理所当然的一切，都破碎了，变得模糊不清。你拿到了一张三等票，开始了一段未知之旅。这趟旅程有时很动荡，而且肯定永远不会令人愉快。

从理论上讲，一切都在变化，所有的选择都是开放的，这种情况为积极的转变留有余地，但想要在陌生的异域保持一颗平常心绝非易事。当你在不确定阶段时，内心的情感波动是非常极端的，对厌恶的情况会产生愤怒，渴望旧生活，恐惧新生活，这使得身处其中的人很难瞥见新打开的房间大门。

---

① 天主教和东正教“圣事”的一种。

怒草

我会对草地生气，还会对割草机生气。我推着那台陈旧的机械割草机，在一小块草地上来来回回。一个冬天过后，刀刃又变钝了吗？要知道上个夏天我的朋友才刚刚把刀刃磨锋利，为此我还准备了一顿露天晚餐。艾尔夫喜欢修剪草坪，但他最喜欢用一大堆我不知道名字的工具修剪草坪边缘。我一次又一次地把割草机撞到农舍的墙上，但还是不愿意去拿专门的修剪机，草坪的边缘自然也没办法修剪整齐。母亲对我试图用割草机当攻城槌这种徒劳的行为感到恼火，但令人惊讶的是，她一直闭着嘴，让我一个人待着。

回过头来看，在艾尔夫死后，愤怒并不是我的主导情绪。或许这是因为我不信教，没有上帝可以让我生气？我也不可能对艾尔夫生气。除了无处不在的悲伤，还有一种情绪一直在涌动，那就是感激，我很感激曾有艾尔夫这样的伴侣。但心理学家朋友告诉我，愤怒是悲伤过程中至关重要的一部分。难道我做错了吗？

愚人节

现在是 4 月 1 日，但没人想骗我。

如果艾尔夫在这里，他会想出办法的。

五十度毒

有一个故事，一对不贞的男女想要在山区度过一个浪漫的周末，由于他们误食了一些模样可爱的野生蘑菇，不得不被紧急送往当地医院的重症监护室。这名男子本来告诉他的妻子要参加一个研讨会，而那个女子则告诉别人自己是和女性朋友一起出去玩。当他们各自的配偶和家人在医院见面时，他们的伪装被拆穿了。有人想知道，对于这两个人来说，是因为蘑菇中毒而徘徊在生死之间糟糕，还是他们的婚外情被发现了更糟糕？

很多人对蘑菇的毒性很感兴趣。有一种被广泛接受的观点认为，只要咬一口有毒蘑菇就会立即死亡。受害者会在餐桌上口吐白沫，然后发生其他戏剧性的事情。我一开始也是这么以为的，但后来知道蘑菇的毒性分很多种类，有许多不同类型的真菌毒素，并非所有毒蘑菇都会导致永久性肾衰竭或死亡。蘑菇中毒不像怀孕，你要么怀孕，要么没有，没有人能“有一点点怀孕”，但蘑菇的毒性就没那么绝对，有些只有一点点毒。

世界上成千上万的物种中，只有少数蘑菇有致命的毒素。摄入这些有毒化合物会引发各种症状和后果。鹅膏毒素存在于产自挪威的毒鹅膏、鳞柄白鹅膏和纹缘盔孢伞(*Galerina marginata*)。它会攻击肝脏，即使是很小的剂量也会致命；毒鹅膏和鳞柄白鹅膏要为世界上90%的蘑菇中毒致死病例负责。当然，这些蘑菇的相关信息（以及它们的长相）都包含在初学者课程中。其他一些真菌毒素会攻击中枢神经系统或肠道，最近有研究表明，蘑菇中毒还可能导致横纹肌溶解，在这种综合征中，骨骼肌被破坏，导致红细胞破裂，体内会出现大量的溶血。

真菌毒素反应可以根据症状出现的时间来分类。微红丝膜菌（*Cortinarius rubellus*）含有一种名为奥来毒素的真菌毒素，对肝脏和肾脏有害，即使非常小的剂量也可能是致命的，但这种毒素的影响可能在两周内都感觉不到。换句话说，你吃完后可以四处走动，浑然不知，然后突然之间肾脏就停止工作了。一般来说，蘑菇中毒后如果立即产生呕吐、腹泻和干呕等症状，其实危险程度最低。最严重的损害通常是由具有较长潜伏期的真菌毒素造成的，也就是说，从食用蘑菇到出现最初中毒迹象之间有较长的时间。但是，即使误食了被认为是“致命有毒”的蘑菇，如果及时获得正确的治疗，也可以挽救生命。

仅仅通过观察是否可以判断蘑菇有毒呢？陌生人不止一次告诉我，我篮子里的蘑菇看起来有毒。但是，关于什么是有毒的外观这个概念是主观的。我的假设是，一种蘑菇只要和人们在商店里看到的不一样，对蘑菇恐惧者来说都是有毒的。如果他只见过双孢蘑菇，那么褐黄小乳牛肝菌（*Suillellus luridus*）就看起来相当不可食用。它有着红棕色网状菌柄和黄色菌肉，而且当碰伤或破裂时会变成蓝色。但是在奥斯陆农贸市场的蘑菇摊上，我经常去买像餐盘那么大的褐黄小乳牛肝菌。它在那里总是被描述为“怪物蘑菇”，每个看见我买的人都想知道它是否有毒。看到他们的反应总是很搞笑，但很难说这些信息是否足以打破他们对有毒蘑菇的误解。

关于有毒蘑菇的识别特征，还存在许多误区。例如，有毒蘑菇从不生长在树上，或者所有毒蘑菇的颜色都很鲜艳。有些人甚至认为昆虫或动物会吃的蘑菇不会有毒，或者银制品接触有毒蘑菇会变色等。然而事实是，有些物质对人是有毒的，但对动物没有毒性，采集蘑菇时拿银勺也毫无意义，因为银的反应并不能说明蘑菇的潜在毒性。想要了解毒性没有捷径可走。我们只能把每一种蘑菇都记在心里，这样就会像老朋友一样认出它们。你永远不会把好朋友的脸搞错，不管他们今天过得好还是不好。蘑菇也是一样。有时它们小巧、可爱又娇嫩，但有时同一种蘑菇可能已经腐烂，变得粗糙、丑陋。

一位朋友最近为初学者开设了一门课程，他说，人们区分不同蘑菇的能力差异很大。当他给学生们展示鸡油菌和微红丝膜菌时，一个学生立刻发现了其中的区别，而另一个学生说它们看起来很像，因为它们“都是黄色的”。挪威毒物信息中心也记录了有人会把美味牛肝菌和卷缘齿菌混淆为鳞柄白鹅膏，尽管它们在颜色、形状和其他特征上完全不同。想要区分它们只能靠学习。记忆在我们如何感知事物方面起着至关重要的作用，而记忆是以学习和实践为基础的。你获得的经验和知识越多，就越有能力发现那些重要的小细节。因为最初的视角可能不同，有些人不得不比其他人付出更多努力，但就蘑菇而言，了解关键的区别可能意味着生与死的差异。

新手典型的错误是过于相信书本上的插图，因为蘑菇的外观会随着它的年龄和其他因素产生很大的变化。当你急于做出肯定的鉴别时，很容易把注意力集中在书中的图片和野外蘑菇之间的相似性上，而忽略它们之间的不同之处。这一切都是关于实践经验，想要成为蘑菇专家，只有熟能生巧。就像学习一门手艺，技能的提高是缓慢而自然的，秩序会逐渐从混乱中产生。

但这并不简单。

微红丝膜菌被挪威的蘑菇采集者们尊称为“山达霍得鸡油菌”，是在挪威乡村发现的最毒的蘑菇之一，它有时会和管形喇叭菌一起生长。有传言说，在山达霍得或者其他地方，有人曾经误把微红丝膜菌当成鸡油菌，最终一辈子只能靠透析机度过余生。在有经验的蘑菇采集者看来，这两个物种是如此不同，怎么会有人把微红丝膜菌和管形喇叭菌混淆。

S是一位挪威蘑菇圈的名人，他曾采到优质的大紫蘑菇给一些来挪威的法国游客吃，却被告知他们不会碰这些蘑菇。这使他感到意外，因为在挪威，大紫蘑菇不仅被认为是可食用的，许多人甚至认为它是最好的野生蘑菇。在用打星系统给蘑菇评分的时候，大紫蘑菇被授予三星的最高等级。然而，法国人的想法却截然不同。著名的《法国蘑菇田间指南》（*Champignons de Provence*）的作者迪迪埃·博尔加里诺（Didier Borgarino）只列出了伞菌属的两种可食种：四孢蘑菇（*Agaricus campestris*）和赭褐蘑菇（*Agaricus langei*）。这无疑会让挪威那些了解蘑菇的人大吃一惊。据博尔加里诺说，为了安全起见，最好扔掉所有的大紫蘑菇、野蘑菇（*Agaricus arvensis*）和林地蘑菇（*Agaricus silvaticus*），因为这些物种会积累大量的镉和其他重金属。

挪威的蘑菇采集者很清楚这一事实，因此，他们谨慎地限制食用蘑菇。但许多法国的真菌学家更甚，他们完全不吃这些蘑菇，也不在商店买同类产品。

当我听到这些时，惊讶得张口结舌。我完全可以理解个人对味道的偏好可能会有所不同，但没想到的是，在毒性或食用性问题上会有如此不同的看法。我一直以为这些都是大家接受的观点，难道不是所有国家都采用相同的可食用和有毒蘑菇的清单吗？

我所了解到的是，可能有很多原因导致某人在食用蘑菇后感到不适。

其中之一是分量的大小。有时候，如果你吃得太多，即使是所谓的健康食品也可能有毒，这就是所谓的物极必反。就像我们都知道盐对调节身体机能是绝对必要的，但盐吃得太多对我们是有害的。水也是如此。正如毒理学之父帕拉塞尔苏斯（Paracelsus，1493—1541）在 16 世纪所说的那样：毒药和药物的唯一区别就是剂量。如果有人在吃了蘑菇后生病，那不一定是因为他们中毒了。蘑菇和其他东西一样，节制是一种美德。如果你的健康状况不佳，那么不建议食用大量的蘑菇，即使它们被证明可以食用。协会警告大家，不要连续两天或以上多次以蘑菇作为主要食材。

除了剂量外，还必须考虑到个体的过敏反应。对一个人完全无害的蘑菇有可能会引起另一个人的过敏反应，这不一定会有致命的后果，但会导致暂时的恶心和胃部不适。

蘑菇中毒的另一个常见原因是烹调不当。有些蘑菇生的时候有毒，但煮熟后完全可以食用。在挪威，食用后最常引起不良反应的蘑菇不是有毒的品种，而是可食用的变形疣柄牛肝菌。这种蘑菇很容易辨认，茎上有时髦的“胡茬”和肉质的砖红色菌盖。多年来，变形疣柄牛肝菌被列入“六大安全蘑菇”名单。后来，变形疣柄牛肝菌被移出了这份名单，因此名单也改名为“五大安全蘑菇”。这一结果并不是因为变形疣柄牛肝菌本身有毒，而是有些人会因为对这种蘑菇烹调不当而生病。变形疣柄牛肝菌一般长在山上，当人们爬上山找到它并聚集到篝火旁时，心情一定有点不耐烦，因此可能不等蘑菇烤熟就吃了下去。一般来说，所有的蘑菇，包括超市里的蘑菇，都应该经过适当的烹调。有人可能会抗议，并指出自20世纪七八十年代以来，他们食用沙拉中的蘑菇。但事实是，即使是商店购买的品种也含有苯丙胺衍生物，它们可能致癌，但受热后会分解。

值得一提的是，对蘑菇中毒的恐惧本身就会引起头晕、头痛和胃痛。因此，对蘑菇持怀疑态度的敏感人士也应该避免食用它们。

如果在一篮子可食用蘑菇中发现一种剧毒蘑菇，蘑菇检查员有义务扔掉一整篮蘑菇。大多数的蘑菇采集者一旦得知一个糖块大小的微红丝膜菌足以杀死一个人，他们就会接受这一做法。然而荒谬的是，总有人在得知他们的鸡油菌会被扔掉的时候表示反对。有一次，我认识的一位蘑菇专家在一塑料袋的美味牛肝菌里发现了五个鳞柄白鹅膏。当检查员告诉他这个坏消息时，那个交了塑料袋的人一点也不高兴，准备带沾了鳞柄白鹅膏碎片的美味牛肝菌逃跑。我的朋友不得不动用他所有的强制手段把袋子拿回来，才最终把里面的东西都销毁。

根据挪威毒物信息中心的资料，尽管他们每年都会收到许多来自儿童的询问，但他们很少食用在野外遇到的蘑菇，大多数中毒病例发生在成年人身上。孩子们只会啃几口找到的蘑菇，但成年人却会把它们全部吃掉。经典的噩梦场景是，一个业余爱好者误以为有毒蘑菇是美味，邀请家人和朋友来享用一顿高级大餐。不幸的是，许多移民到挪威的人都属于这一类。在近年来遭受严重蘑菇中毒的人中，一半以上是移民出身。通常，这些人会在挪威乡间发现某种蘑菇，这种蘑菇与来自他们国家的优质、安全的蘑菇相似，然后他们就用一顿大餐来庆祝这一伟大发现。这种不幸的混淆可能发生在毒鹅膏和草菇（*Volvariella volvacea*）之间。同样，鳞柄白鹅膏也可能被误认为产于东南亚的白条盖鹅膏。鳞柄白鹅膏的味道和气味并没有特别糟糕，所以人们不会察觉到可能发生了什么事情。即使是很小的剂量，鳞柄白鹅膏也会对肝细胞造成损害。而且，如果解毒剂不起作用，就可能导致误食者肝功能衰竭，最坏的情况是死亡。

想要确定是否发生蘑菇中毒并不容易，其中一个关键原因是大家不会保留中毒的罪魁祸首，也不会立即想到去识别它。尽管如此，挪威毒物信息服务中心的数据还是提供了一些线索。这些数据显示，在2010年至2014年期间，挪威的医院记录了43例因怀疑严重蘑菇中毒而入院的病例。在所有的病例中，入院的都是成年人。在这五年时间里，有一例因吞食鳞柄白鹅膏而死亡的病例，鳞柄白鹅膏也是最常被误认为其他品种的蘑菇。挪威的大多数人都知道要避开毒蝇鹅膏，但鳞柄白鹅膏外表看起来很无辜，这才构成了最大的危险。

有时蘑菇中毒完全是由愚蠢的行为导致的。当我听到一群十几岁的男孩试图食用半裸盖菇（*Psilocybe semilanceata*）达到致幻效果时，我震惊了。一个慵懒的夏日，他们在草地上发现了一些蘑菇，并怂恿对方尽可能多吃一些，试图产生强烈的致幻效果。碰巧它们不是半裸盖菇，但幸运的是它们也没有毒，所以他们没有受到任何不良影响。然而，沉溺于这种鲁莽行为就等于拿自己的健康赌博，很容易让你被送进重症监护室。我最近听说了另一个故事，有人打电话给一位蘑菇专家，告诉他，他一生都在吃库恩菇（*Pholiota mutabilis*），但他刚刚发现有一种蘑菇非常像库恩菇，叫作纹缘盔孢伞。纹缘盔孢伞含有一种细胞毒素，可破坏肝和肾细胞的功能，并危及生命。

“我刚刚吃了库恩菇，我该怎么办？”打电话的人问道。这个人的运气显然要比判断能力好。

在其他国家，人们也会遇到对于真菌毒素的误解。当纽约自然历史博物馆举办一个“关于自然毒物在神话和医学中的作用”的大型展览时，我碰巧在美国。和往常一样，在美国，这类展览总是声势浩大，蔚为壮观。展览的入口看起来像热带森林中的空地。我们可以听到丛林的声音，向导说，我们还有可能看到毒蛇、毒蝎子、毒蚂蚁和一些自然界中最强的毒物。他向我们介绍了玻璃箱里的有毒青蛙和一种毒树，这种树的汁液毒性极强，下雨的时候最好不要站在下面，不然就会因“毒雨”而感染湿疹。然而，没有任何有毒蘑菇的影子。当我问向导这一问题时，他给我展示了莎士比亚《麦克白》中三个女巫的全尺寸模型，三个模型正在用各种各样的肮脏原料烹调出地狱般的肉汤。烟雾从女巫们的坩埚里袅袅升起，她们喃喃地念着秘密咒语。在一个女巫的脚下，躺着一个小小的塑料毒蝇鹅膏。“在这里你可以看到一个假羊肚菌。”那位向导说。我很抱歉告诉她，这个可怜的小塑料球事实上是一个毒蝇鹅膏，而不是假羊肚菌。我曾经对这座博物馆怀有极大的敬意，因为它收藏着这座城市最奇妙的恐龙，著名人类学家玛格丽特·米德（Margaret Meade）曾在这里办公，但这种尊敬在此时却像霉菌毒素一样在沸水中蒸发了。实际上，人们完全可以举办一个展览，专门讨论自然、神话和医学中的致命蘑菇，但这个展览的策展人显然不这么认为。博物馆也不需要去到南美洲进行艰苦的探险以便收集和带回有毒的动植物，他们所要做的就是走出大门，到中央公园去采集蘑菇。

不是非黑即白

口味不仅是个人的问题，而且还由文化决定，在我看来，对于“可食用”和“不可食用”的类别，不同国家的意见可能不同。然而，我没想到的是，我在“有毒”类别上也发现了国际差异。例如，我发现在挪威被认为有毒的紫蜡蘑在其他国家却被理所当然地出售和食用。当然，相反的例子也有。我们该怎么理解这些情况呢？

我拜访了奥斯陆大学的克劳斯·赫兰德（Klaus Høiland）教授，希望能有所启发。他笑了笑，然后开始说，当涉及蘑菇中的毒物时，情况不是非黑即白的，更像是五十度灰。虽然全世界的蘑菇专家对真正致命的真菌的看法是一致的，但其他许多物种则处于灰色地带。与我作为一个蘑菇新手的天真想象相反，要确定一个蘑菇是否有毒并不那么简单，这真是既令人震惊又耐人寻味。

许多资深蘑菇爱好者都很怀念那些可以安静吃油口蘑的日子。但后来，油口蘑从“可食用”被移到了“有毒”类别，这一变化是由法国发生的大量致命中毒事件引起的。应该说，在连续几餐大量食用这种蘑菇之后，人体会对某种物质建立起超敏性，而且每个人对油口蘑中毒的易感程度方面也存在差异。但在进一步研究证明这种蘑菇无罪之前，它将被排除在“可食用”类别的标准清单之外。

“有人对此进行过研究吗？”我问真菌学家。

我被告知，挪威目前还没有这方面的研究，但我询问的专家似乎没有特别关心这个问题。无论如何，实际结论是明确的：只要蘑菇还在接受调查，它就不会出现在标准的“食用”类别清单上，因此蘑菇检查员就会对它持否定态度。

我曾经听说过关于油口蘑多么美味的故事，但直到有一天，我突然在奥斯陆东部的树林里遇到了我的第一批油口蘑，它们美丽、鲜黄、挺拔、优雅，一小丛一小丛站在那里。油口蘑的拉丁语词源是equistre，意思是骑马的人，所以很容易理解为什么它也被称为“黄色骑士”[①]。我发现自己处于进退两难之间：吃还是不吃？我拿不准，于是把蘑菇带回家，在社交媒体上发布消息，询问是否有人尝试过油口蘑。我立刻收到了一些肯定的答复，于是鼓起勇气，炸了一个尝了尝，十分美味！当我把这一切告诉一些非蘑菇爱好者的朋友时，他们问我，如果他们带了一整篮油口蘑来做检查，我会怎么做。毫无疑问，我不会让它们通过。但我会把它们藏在桌子底下然后自己吃掉吗？幸运的是，我从来没有被置于这种相当棘手的境地。

由于镉和其他重金属的危害，法国人通常对野生蘑菇采取限制性措施。挪威本土蘑菇中的镉含量是否超标还有待讨论，但关于镉中毒

---

① 油口蘑的英文俗称叫作 Yellow Knight，直译为黄色骑士。

大家可能更应该关注烟草，而不是蘑菇。烟草是人体内镉沉积的最大来源。据我所知，即使如此，吸烟者大多也不是死于镉中毒，而是其他原因。

英国人对红菇的态度与挪威人不同，我很惊讶地得知那里的人们很少吃红菇。作为英国最受欢迎的野外指南之一，约翰·莱特所著的《蘑菇》中只建议吃红菇属中的五种蘑菇：蓝黄红菇（*Russula cyanoxantha*）、变绿红菇（*Russula virescens*）、黄白红菇（*Russula ochroleuca*）、灰黄红菇（*Russula claroflava*）和似天蓝红菇（*Russula parazurea*）。但是，由于多数人很难识别这五种，当地诸如多赛特真菌小组之类的协会干脆建议只食用蓝黄红菇。当我参加他们每年一次的布朗西岛之旅时，他们向我描述波罗的海国家[1]的人们是怎么吃红菇的。他们有一个奇怪的习惯，就是品尝生蘑菇来决定它们是否可以食用。他们只吃味道淡的，把苦的扔掉。当我告诉他们我们在挪威也是这么分辨红菇属的蘑菇时，他们向我投来了奇怪的目光。

即使在挪威和瑞典这两个如此亲密的邻国之间，人们的看法和做法也相差很大。以丝膜菌属为例，在挪威，我们避开了所有丝膜菌属的蘑菇，除了皱皮丝膜菌（*Cortinarius caperatus*）；而瑞典人却食用凯旋丝膜菌（*Cortinarius triumphans*）和其他一些丝膜菌属的蘑菇。我见过一些骄傲的瑞典人在社交媒体上炫耀满满一篮子凯旋丝膜菌和蜜环丝膜菌的照片，这些蘑菇在挪威的检查站会被毫不犹豫地拒绝。

---

① 主要包括立陶宛、拉脱维亚和爱沙尼亚。

反之亦然。例如，小而漂亮的紫蜡蘑（*Laccaria amethystina*）在挪威是可以吃的，但瑞典人认为它含有砷而拒绝食用。作为在挪威长期生活的人，我甚至有一份紫蜡蘑的食谱，是一位德高望重的蘑菇老手教给我的。这份食谱被称为“魔法蘑菇”，原料除了紫蜡蘑外，还包括漆亮蜡蘑（*Laccaria laccata*）、鸡油菌、管形喇叭菌、苦艾酒、肉桂和丁香。魔法蘑菇可以作为冰淇淋或其他甜点的陪衬。如果你来自一个对酒精态度比较宽容的家庭，甚至可以给孩子们喝。在挪威，没有人担心紫蜡蘑中砷的危害。

你会认为找出紫蜡蘑是否真的含有砷以及它所含的砷是否会造成危险是一件简单的事情。同样，你可能会认为很容易确定挪威人吃凯旋丝膜菌和蜜环丝膜菌是否安全，因为瑞典人认为它们没有问题。但事实上，蘑菇是可食用的还是有毒的，似乎不仅仅取决于客观上它含有哪种真正的毒素，还和不同国家对潜在毒素的不同态度有关。

我观察到了两种不同的风险分析策略：在挪威，有些人只在树林或田野里采蘑菇，以尽量减少摄入镉的风险；而另一些人则认为，即使是在高速环绕的中央保留区里采蘑菇也问题不大；还有人采取折中的方法，在烹饪前去掉菌褶，因为这是镉最容易积聚的部位。我不能确定最后这一策略是否奏效，但我们显然进入了一个灰色地带，不同的国家和不同的个人对中毒的风险有不同的看法。不过，归根结底，还是要由采蘑菇的个人来决定他们准备冒什么样的风险。

就我个人而言，法国人避之唯恐不及的大紫蘑菇是我的最爱。从我吃第一口起就被打动了。由于我不吸烟，体内的镉含量可能从一开始就很低，所以我根本不担心这些。与大紫蘑菇相比，商店里买来的蘑菇没有味道，缺乏特点，而且“不性感”，野生的可食用蘑菇有一种美妙的杏仁香味，就像饼干一样香甜。

心流

艾尔夫最喜欢的就是在地里除草。除草的时候，他可以在外面待上几个小时，处于完全忘我的状态，也不听音乐，隔断与互联网的任何联系。他是一位善于把握当下、顺应心流的艺术大师。也许这就是为什么小孩子和动物总是喜欢来找他。

是不是艾尔夫走了后我在理想化他？我想是的，因为那是通过失去的棱镜来记住事情的方式。有些细节被放大，有些则从视野中消失。不过有一件事是肯定的，他不像我那样总是匆匆忙忙地从一个会议赶到下一个会议，从一个任务赶到下一个任务。无论在哪里，他总是安静地存在着。引用我们的一个朋友的话来说：我负责行动和执行，艾尔夫则是个冷静和放松的人。

当期盼已久的雨水终于降临奥斯陆时，我的花园里一下子就乱了套。除草是必须要做的事，但令我惊讶的是，这是一份非常愉快的工作，比我预想的要有意思得多，根本不像我担心的那么无聊。事实上，一门心思做一件事是一种很好的状态。我坐在柔软的草地上，闻着花园里牡丹、山梅花和野生马郁兰的香味，听着大黄蜂微弱的嗡嗡声，看到蝴蝶飞来飞去，上空传来救护直升机的螺旋桨旋转声，意味着救护正在路上。在发现了除草的乐趣后，我得出的结论是，除草作为丧亲治疗的一种形式，功效被大大低估了。不仅因为这是一项具体的任务，你可以马上就有所表现，还因为当你停止抗争、真正全身心去除草时，新的体验在等待着你。你可能会以全新的视角看待事物，从而成为一个全新的人。

这让我想到了采蘑菇的小径，哪怕你从同样的路径返回，光线也会以不同的方式落下，使你能够发现来时错失的蘑菇，有时这是一种真正的奖励。作曲家约翰·凯奇（John Cage）也是一个蘑菇猎手。他把找到一种隐藏得很好的蘑菇的经历比作聆听动听、柔和的声音，是一曲安静的、常常被日常生活的喧嚣淹没的交响乐。一个新的视角可以在你最意想不到的时候提供新的可能性和体验。

采蘑菇的时候空手而归并不稀奇，但这并不能阻止我再去那里，不仅仅是为了碰碰运气，而是因为即使收获非常少的采菇旅行也是值得的。我一开始总是抱着很高的期望，带着最大的篮子前往。后来逐渐意识到，我必须满足于从旅行中获得别的东西。可能会发现一种"真菌学研究领域很有趣"的真菌，或者发现一片林地，这个季节晚些时候值得再去看看，又或者我拍下了一种特殊蘑菇的漂亮照片。像大型猎物的猎人一样，蘑菇猎人在猎物触手可及时也会不停地拍摄照片。在蘑菇爱好者的圈子里，自拍配上一大袋蘑菇是最常见的主题，这些照片是我们狩猎的战利品。但即使是毫无收获的探险也是好的，因为它们能带你出去到处走。所以，蘑菇采集者的快乐并不局限于收获满满的篮子，正如我所发现的，快乐远不止于此。

采蘑菇的关键是不要走得太快太远。我的一个朋友使用 Runkeeper 应用程序记录了自己是如何径直跑向他的秘密采集点，采完后就返回停车场回家。他经常被同事们取笑，他们也用这个程序来追踪他跑了多远，跑了多快。我朋友的 Runkeeper 日志看起来像一幅大型涂鸦。对于我来说，寻找蘑菇的时候具体的 GPS 坐标并不是唯一需要的东西，拥有正确的态度同样重要。专注于当下是最有意义的，这样做才可以获得更多的幸福。

关于在哪里能找到蘑菇的问题可以用四个简短的字来回答：在森林里。但这样的回答对于一个对学习感兴趣的穷门外汉毫无帮助。如果你不想泄露你的 GPS 信息，但仍然想提供帮助，最好这样回答：去附近的森林散步。当你遇见森林时，森林也会遇见你，试着把所有日常生活的喧嚣抛在脑后，把注意力集中在森林的节奏和频率上，让它成为你的一部分。然后你会放松，脉搏会变缓，你会进入采集状态。听鸟儿的合唱，闻森林的气味——那是混合着黑土和花香的味道。摸摸脚下柔软的苔藓地毯，轻咬一片酢浆草的叶子，感受你涌起的食欲。然后向下看，把所有注意力集中到森林的地面上，它有上百种深浅不一的绿色：苔藓、地衣、蕨类植物和树叶。把你寻找蘑菇的目光逐渐集中在细节上，那是另一种绿色吗？有什么东西藏在那些干枯的棕色叶子下，正羞涩地偷看着你？

生命的痕迹

我们会为国家做出选择，也会为自己做出选择，我们做的所有选择都会留下痕迹。

我们将留下什么样的痕迹？我们这些在英国前殖民地长大的人在学校读过《奥兹曼迪亚斯》（*Ozymandias*）这首诗。这本书由珀西·比希·雪莱（Percy Bysshe Shelley）于 1817 年撰写，灵感来自于埃及法老拉美西斯二世，也被称为奥兹曼迪亚斯。偶尔，我想起其中的几句话：

> 吾乃奥兹曼迪亚斯，万王之王，
>
> 看我的伟业，枭雄们呵，望尘莫及！

这几个词就是躺在沙地里那破碎的皇家雕像底座上所剩下的全部内容。荣誉和名声都是暂时的，即使是用最坚硬的石头建造的纪念碑随着时间的流逝也不可避免摇摇欲坠。在商业世界里，他们谈论如何创造价值。但是这和我们死后留下的价值是完全不同的。

对艾尔夫而言，不仅是他与至亲至爱的人的美好记忆，还有他与许多亲朋好友以外的人所建立的纽带。葬礼上，一位在艾尔夫办公室食堂工作的妇女在纪念册上写道，他是办公室里为数不多的愿意与“食堂妇女”交谈的人之一，她为此感谢他。他去世一年后，作为工作的一部分，我去了一个住宅区参观。虽然我先前不知道，但这个庄园是艾尔夫作为建筑师的项目之一。我们的导游热情地谈到了他与建筑师的合作，提到了艾尔夫的名字，却不知道他的妻子在场。听到这里我哽咽了一下，我完全没有准备好。与其他人相比，建筑师有一个优势，那就是他们在建筑中留下了坚实、有形的遗产。体现建筑师思想和设计的结构冻结在时间里，在建筑师离开后很长一段时间内仍然可以感觉到，艾尔夫的建筑们在我每次前去的时候拥抱并安慰着我。

我们在死后留下的好名声，不是金钱可以买到的，也无法刻在石头上变成永恒。它是我们在与周围的人打交道时，日复一日，一点点积累起来的。艾尔夫对同胞的慷慨使我成了一个好人的遗孀。听到关于他所做或所说的一些小故事总是令人振奋，我至今仍然对他影响过的人们的数量感到惊讶。对待孩子也是如此：艾尔夫喜欢和他们坐在一起画画，以及为他们画画。他去世之后留下的这些价值观，使得他继续活在我们心里。我像对待珍奇的绿宝石一样珍视这些关于艾尔夫的故事。

羊肚菌：真菌王国的钻石

一开始我能想到的是，艾尔夫怎么可能就这样突然去世呢？为什么我们不知道他病了？我们能做些什么呢？医生错过了什么？我认识的一个人主动提出要仔细看看艾尔夫的病历。他是一名医学专家，专攻的领域正是艾尔夫遭遇的这种情况。我最初的反应是接受他的提议，因为我想知道更多。然而，我刚一答应又立刻打消这个念头，因为知道更多的信息不会改变任何事情。在某个时刻，如果被告知我们可以采取不同的做法，只会让人感到不安。艾尔夫已经死了。

在我个人最爱的排名前五的蘑菇中，名列榜首的是尖顶羊肚菌（*Morchella conica*）。这种特殊的蘑菇看起来并不怎么让人有食欲，像一个干瘪的脑干，但对一个蘑菇采集者来说，没有什么比把手放在这美味佳肴上更让人兴奋的了。尖顶羊肚菌是羊肚菌属的一员，morel[①] 这个词来自法语 morille，荷兰语为 morilhe，而这个词又与古高地德语 morhila 有关，是 moraha 的名词小词缀，意思是胡萝卜。据我在奥斯陆当地学会的资深成员说，找到羊肚菌是非常罕见的事情。

① 羊肚菌的英文俗称为 true morel。

一位八十多岁的老绅士告诉我，他在漫长的职业生涯中只见过三次羊肚菌。许多采蘑菇的人从来没有发现过它，只能止步于在社交媒体上给别人的发现点赞。

就我个人而言，我只尝过那些花一大笔钱买来的羊肚菌，我一直在想是否能亲自在野外找到它。

在纽约寻找羊肚菌

我的美国朋友 R 在她的储藏室里放了许多干蘑菇。每当我打开食品储藏室的门，尽管它们被安全地保存在密封的玻璃罐里，我还是会被羊肚菌浓郁诱人的香味所吸引。这是一种原始的、动物般的香气。也许对一种蘑菇来说这并不新鲜。根据格罗・古尔登（Gro Gulden）教授在挪威真菌学协会的杂志《蕈类与有用植物》中所写的内容，这种蘑菇出现在 1.3 亿年前，曾与恐龙和平共处。这是一种即使在那些已经忘记它来自哪里的人中也能激起强烈渴望的气味。R 把羊肚菌仔细保存着，仅在特殊场合才使用，这样的时刻到来之前，每次打开储藏室的门都有见到地外生命的感觉。

一位厨师朋友说，在他的餐馆里，最贵的菜是羊肚菌牛排，所有厨师都被严格要求每一块牛排只能使用一个羊肚菌。羊肚菌的一半被切碎后加入酱汁中，另一半用作装饰。换句话说，你不需要用大量的羊肚菌来给一道菜增加刺激。它们可能很贵，但是仅需少量就足够提升一顿饭的体验了。

真正的羊肚菌出现在春天，就像宣告大自然恢复生机的号角。我去纽约拜访 R 的时候是 5 月，这时羊肚菌理应破土了，但是天气还是很冷。玉兰树上刚开的粉红色的花看起来有点颤颤巍巍，好像它们早开了两个星期。R 和我把行李打包好，在向知情人打听过后，开车前往哈德逊河附近最有可能采到羊肚菌的地点。尽管我们在开车去那里的路上没有对彼此说太多话，但我敢肯定，我们都怀有同样的希望：说不定我们在纽约能找到羊肚菌呢？这是一件不得了的大事，我已经可以想象那些采蘑菇的同行们羡慕的心情了。

森林的地面上覆盖着古老的褐色树叶和又细又硬的小枝。空气潮湿，脚下的春叶有点滑，我们走的路也相当泥泞。这么早周围还没有什么人。春天清新的空气中弥漫着陌生的树木和坚果的气味。我们俩都很专注，一句话也没说。可以清楚地看到我们的车在森林的一边，而另一边是一排排的公寓楼。我们可以听到城市里的交通声、狗叫声和狗主人的声音，但毫无疑问，我们在纽约市中心的一片森林里。即便如此，这与身处挪威森林的体验完全不同，在这里你可以在寂静中徜徉，呼吸森林地面上植物生长和腐烂的混合气味。在这里，文明可以很快成为遥远的记忆。

为了知道榆树长什么样，我们查阅了很多书籍和互联网上的资料。在美国，通常建议人们在榆树下寻找羊肚菌。《蘑菇猎人》（*The Mushroom Hunters*）一书的作者兰登·库克（Langdon Cook）提到过专业采集者对羊肚菌和榆树关系的记录。南希·史密斯·韦伯（Nancy Smith Weber）在《羊肚菌猎人的同伴》（*A Morel Hunter's Companion*）一书中写道："榆树尤其重要，但枫树、樱桃树和白蜡树也是羊肚菌经常出现的地方。"史密斯·韦伯接着说，"虽然枯死的榆树对于森林、公园和街道来说都是一个悲剧，但是羊肚菌猎人很有可能在这些死去的树附近找到羊肚菌”。据她说，在密歇根州肆虐的荷兰榆树病意味着羊肚菌的持续繁荣。羊肚菌和特定树种之间的关系在美国羊肚菌采集者心中留下了烙印。另一方面，在挪威，人们认为羊肚菌一般不与任何特定的树木联系在一起，因为它是腐生真菌，只要是死去的有机物都是它的口粮。当谈到其他国家公认的蘑菇事实时，挪威人突显了先入为主的观念。

经过几个小时的寻找，我们不得不得出结论：在那个寒冷的早晨，哈德逊河畔的树林里没有羊肚菌。这次探险的唯一收获就是我们学会了辨认榆树。我们微微颤抖着开车回家了，篮子里没有装进半个羊肚菌。窗外一片舒适的阳光欢迎我们回来，在经历了春天的凛冽寒风后，我们走进温暖的公寓，希望能梦见一个新的发现，这真是太美好了。

为了高兴起来，R 决定把珍藏的干羊肚菌从储藏室里拿出来吃掉，并祈祷下次采集好运。这一天剩下的时间里，我们喝着让人里里外外都暖和起来的茶，浏览着食谱，并计划着晚餐。当我们坐在那里，考虑做什么菜时，话题很快转到自己还是新手时的经历。

在美国和在挪威一样，当采蘑菇的人在重温其职业生涯的亮点时，脸上会浮现出一种幸福的表情：环境、日期、地点、物种——所有这些都包含在对多年，甚至几十年前的采集历史的回忆中。围绕着蘑菇，我们可以毫不费力地描绘出当时森林、大气和周围的环境。

蘑菇采集谈话的高潮一定是一种罕见蘑菇的发现历程，例如，一些物种被认为“濒临灭绝”，而另一些物种已经“在区域内灭绝”。如果有人发现了一种严重或极度濒危的稀有蘑菇，消息会传得很快。关于这些发现地点的报道会促使人们驱车数百英里，只为目睹这一奇观。我的一个熟人开车近 400 英里（约 644 千米）为了去看闪光盘菌（*Caloscypha fulgens*）。她自己后来总结这段经历时，开心地笑着说：“做一个蘑菇狂人还真不错。”

我自己最引以为傲的发现是一种引起许多真菌学家兴趣的蘑菇，它不在挪威，而是在美国。这件事发生在特莱瑞德蘑菇节的最后一天。加里·林科夫和我一起在纽约中央公园散步，他正在回顾那天探险中发现的所有蘑菇。我感到有点累，于是坐在附近的一块大石头上。环顾四周时，我注意到草地上有两朵相当大的白色蘑菇。我把它们摘了下来，起初还以为是美味牛肝菌，但白了点。当我把我的蘑菇拿给林科夫看时，他兴奋得跳上跳下，发出一声欢呼。我的发现似乎是一个小小的真菌学事件，有人甚至劝我把其中一个蘑菇“捐赠给科学”。幸运的是，我能够保留其中较小的、完整的那个。我发现的可能是土丘牛肝菌（*Boletus barrowsii*），特别的是，在我发现它生长在那里之前，这种蘑菇从未在特莱瑞德被发现过，大家认为特莱瑞德的气候对它来说太过恶劣。

“你姓什么？”一位科学顾问问我。我不确定地看着他。

他解释说：“如果你发现的是一个新的物种，那么它可能会以你的名字命名。”

我的发现是非常有价值的，以至于林科夫在蘑菇节的闭幕词中提到了这一点。有人告诉我，可能几个月后，当 DNA 检测结果出来时，我就会得到通知。但是我至今没有得到任何消息，所以我猜测自己对土丘牛肝菌的补充仅限于证明它也生长在科罗拉多州的特莱瑞德，我没有通过发现一个新物种而对科学做出贡献。

有时在我看来，每个蘑菇采集者的过渡礼仪[①]几乎可以与他们生活中的其他重要事件相提并论。第一次发现羊肚菌就可以被认为是这样的一件事，从此你将进入那些在野外找到过羊肚菌的人的行列。

R 和我最后决定用羊肚菌和白兰地汁来烹调鸡肉。

羊肚菌白兰地汁烧鸡

预热烤箱至 180℃（370℉）。

将 40 克干羊肚菌放入两汤匙白兰地中浸泡 15 分钟，然后沥干，保留液体。

把羊肚菌放入一汤匙黄油中炒 15 分钟，向羊肚菌中加入 120 毫升纯奶油，小火煨，直到汤汁减少一半，撒上半茶匙盐和一撮辣椒粉。

现在来处理鸡肉（1.5 公斤可供四人食用）：用一大汤匙黄油、盐和胡椒擦整只鸡。将羊肚菌舀入鸡体内，然后将鸡胸朝上，烤 20 分钟。把鸡肉翻个面，再烤 20 分钟；再翻面，再次鸡胸朝上烤 20 分钟。当鸡的汁水流出来的时候，鸡就熟透了。另一个知道鸡肉什么时候熟了的方法是使用肉类温度计。当温度为 72℃时，将鸡从烤箱中拿出来，取出羊肚菌。

将烤盘里的汁水倒入一个小平底锅，加入 60 毫升白酒、白兰地汁、鸡肚里的羊肚菌以及 140 毫升纯奶油，用文火煮 5 分钟。

把鸡肉切成 8 块，放在盘子里，在上菜前把羊肚菌酱倒在上面。

这是一种严重挑战良好餐桌礼仪的酱料：太容易让人咂嘴舔手指

---

① 人生生命流程重要阶段的民俗仪式。

了。干羊肚菌非常美味，但毫无疑问，如果我们能在哈德逊河岸上找到新鲜的，那就更好了。

羊肚菌是一种囊状真菌，也就是说它们在囊状结构中产生孢子，而不是在菌盖的菌褶或其他地方。和地下的松露一样，这是只有蘑菇爱好者才感兴趣的事情，他们根据孢子的传播方式和蘑菇的繁殖方式来对菌属进行分类。大多数人都知道羊肚菌和松露，因为它们都是很受欢迎的美食，不菲的价格就足以证明这一点。单词“truffle”来自法语单词 truffe，可能源自拉丁语 tuber，意思是肿块或肿胀。训练有素的松露猪或猎犬可以嗅出地下的松露块茎。特供的白松露每磅售价 3500 英镑，而普通的黑松露每磅售价约 1300 英镑。如果说黑松露是美食黄金，那么白松露就是真菌界的钻石。在这样的价格下，用一种特殊的、剃刀般锋利的切片机来切松露薄片也就不足为奇了。一位挪威厨师说，要展现出烹饪的魔力，每份只需要三分之一盎司的白松露。

干羊肚菌的价格要合理得多，1 磅只会花掉你 170 英镑。一旦你尝过慢炸羊肚菌，就很容易理解它们为什么这么贵了。真正的羊肚菌在黄油、雪利酒和奶油沙司中嘶嘶作响的香味能很快把人们从家里带到厨房。第一次吃到羊肚菌后，一个朋友给它起了“甜肉”的绰号。不管怎样，当你开始用盎司而不是磅来测量东西的时候，你不是在和毒品就是在和稀有蘑菇打交道。

在美国，有专门为羊肚菌举办的比赛和节日。谁会找到这一季的第一个羊肚菌？谁找到了最后一个？谁找到的最多？谁是今年全国羊肚菌比赛的冠军？在美国，他们有电子地图，每年春天你可以在地图上跟踪羊肚菌缓慢地到达附近的森林。对于以羊肚菌闻名的密歇根州来说，蘑菇是一棵极好的摇钱树，在一年中的活动淡季吸引游客。在纽约，真菌学会每年春天都会为其成员组织一次羊肚菌探险。在整个赛季的剩余时间里，协会安排的探险活动也会对非会员开放，并且只收取象征性的费用。然而，纽约真菌学会春季第一次的冒险活动是会员专属的。我的朋友 R 去过好几次。据她说，这些户外活动不会带来像样的收获，通常什么也找不到。但是他们最后总是会来到某一个会员的家里，一起吃顿热饭，所以社交元素弥补了空蘑菇篮的不足，这是一个标志蘑菇季开始的好方法。

到达纽约的那天晚上，我梦见了艾尔夫，梦见我俩和一群朋友在一个老式的游乐园玩，突然有什么东西引起了我的注意，我看了一会儿，回过头来却发现艾尔夫不在了。一瞬间他就消失了，我们在游乐园里跑来跑去，找他，喊他的名字，但始终不见他的踪影。我们疯狂着，沮丧着，但醒来后我很开心，这个梦就像我所做的有关艾尔夫的其他梦一样，他好像顺道来打招呼似的。我在纽约时，他来看望我，这也让那里的朋友们很高兴。艾尔夫已经死了，但在社交层面他还活着。我们的朋友以某种奇怪的方式觉得他和我们在一起。他不在我身边，但他也没走。我总能在某处找到他，甚至在纽约。

嬉皮羊肚菌

羊肚菌是伪装大师，它的颜色深浅不一，包含米色、棕色、灰色和黑色，这并不意味着你可以在干燥的冬季风景中轻易找到它。它可能生长在所有枯枝、苔藓、草和相似色调的树叶中，如果你沿着山脚走，抬头看，在正确的光线下，会更容易发现蘑菇的轮廓。如果你发现了一个，最好停下来检查周围的区域，因为羊肚菌往往成簇生长。仔细看看那些看起来无趣的枯叶也是个好主意，因为羊肚菌经常会从它们之间探出头来。事实上，这遵循同样的程序，只是多了一双更敏锐的眼睛。

当园艺中心开始进口树皮作为花坛的地面覆盖物时，它们也改变了羊肚菌的生长条件。现在可以在私人花园、公共公园、双车道中央保留区，甚至在跳台滑雪的山丘和滑雪坡上找到羊肚菌，这并不是说羊肚菌正在各地涌现，但找到它们的机会肯定更大了。

我知道把人类的品质映射于蘑菇是愚蠢的，但总会觉得蘑菇，尤其是羊肚菌，喜欢和我们捉迷藏。不止一次，而是一次又一次，花了半天时间在森林里寻找一种蘑菇而不得后，却在汽车旁边发现了它。当我们终于见面时，我几乎能听到蘑菇发出咯咯的笑声。在它看来，我们显然不够努力，也不够聪明。

人很容易迷信。当我们外出采集蘑菇时，有太多的变数需要考虑。我见过一些理性的人去采集时故意从汽车后座上挑选出最小的篮子，目的是不想让自己的蘑菇运一次性用完。有时候他们根本不带篮子，希望准备得越漫不经心，蘑菇运就越好。如果你曾经遇到过一整片广受欢迎的蘑菇，而且手边又没有篮子，就很容易变得迷信起来。

我等了好几年才找到我的第一个羊肚菌。还记得当我的朋友 K 告诉我，他在奥斯陆东侧的花圃里偶然发现了一些羊肚菌时，我的耳朵都竖了起来。羊肚菌就长在嬉皮士的圣地格古纳卢卡！不过他没有摘，因为觉得这些羊肚菌“有点太暴露在城市的灰尘和烟雾中了”。

“好吧，”我说，“但如果是羊肚菌，我是不会顾及那么多的。”

我可能说得太早了一点，听起来有点急切，尽管我确实努力表现得好像只是略微感兴趣，其实内心一片混乱，各种各样的情绪在来回争夺主动权。

“你想去看看吗？”他问道。我得到了一个无法拒绝的提议。

我当时就准备和 K 一起去采羊肚菌，我的背包里还有一些新买的芦笋，对于真正的美食家来说，羊肚菌搭配芦笋是胜过所有其他春季菜肴的。

K 把我带到现场，起初我没看到什么有趣的东西。我把目光集中起来，聚焦，顺着 K 的指向，紧盯着草地上的一个地方，我看到了羊肚菌！它们就在那里，真的！我不知道是应该大声喊叫，还是用手捂住嘴，发出无声的、类似咀嚼般的尖叫。如果有一种蘑菇可以用“迷人”来形容，那一定是羊肚菌。这是少数蘑菇采集者所拥有的辉煌时刻之一。在挪威首都的中心地带，我拥有了属于自己的羊肚菌秘密采集点。

鹿花菌：蘑菇家族的害群之马

有真羊肚菌，也有假羊肚菌。假羊肚菌不是一个具体的物种，而是一个总括性的术语，涵盖了鹿花菌属（*Gyromitra*）、马鞍菌属（*Helvella*）和钟菌属（*Verpa*）下的数种蘑菇。蘑菇检测员考试的课程还包括位列“剧毒”标准的臭名昭著的鹿花菌（*Gyromitra esculenta*）。虽然羊肚菌很少见，但鹿花菌却相当普遍，尤其是在布满树皮、被强光照射的滑雪道旁。在蘑菇初学者课程中，我们被告知鹿花菌中的真菌毒素可能导致不育，这种物质还是火箭燃料的一种成分。后面这个描述总是会给那些第一次听到这门课的人留下深刻的印象。鹿花菌中的真菌毒素也被认为是致癌物质。在课程中，我们了解到鹿花菌的毒性原理是它的代谢产物会攻击神经系统。根据卫生部门的说法，摄入少量的鹿花菌会在5到8小时后导致“全身不适和头痛”。大量摄入会对肝脏、肾脏和红细胞造成损害。基于这样的描述，鹿花菌不会成为你餐桌上的食材。

作为蘑菇协会的新人，我发现这是一件奇怪的事情，当有人提起鹿花菌这个话题时，一些年长的蘑菇采集者会相当回避。我觉得十分疑惑。

他们说的不是全部事实吗？他们在隐瞒什么吗？为什么他们露出意味深长的神情？

如果你碰巧在一家二手书店或度假酒店的床边满是灰尘的书架上找到一本古老的蘑菇指南，你会注意到在鹿花菌旁边会标有两个十字和三颗星。正如我们所知，两个十字表示“剧毒”，三颗星表示“非常美味”，十字和星星之间是一个小圆圈，意思是“烹调后”。所以，根据一些古老的蘑菇指南，鹿花菌是一种剧毒的蘑菇，但是烹调好后会非常美味，也许这就解释了“*esculenta*”这个词在拉丁语中的意思是“可食用的”。

一位厨师朋友告诉我，在过去，他经常在餐馆里烹调鹿花菌，然后端给客人吃。1963年，鹿花菌在挪威被重新归类为“剧毒”而不是“可食用”。这种重新分类是由世界其他地方记录的死亡人数引起的，尽管这是由于食用了不适当烹饪的鹿花菌。

我谨慎地问了几句。“需要如何烹饪鹿花菌？”这是一个敏感的话题，事实证明，这也是一个引起广泛意见和强烈感情的问题。

我以前从没听说过蘑菇去毒法，所以我全神贯注地听着。所有吃过“去毒”蘑菇的人都同意必须将它们焯水，因为这种毒素是挥发性和水溶性的。焯水最好在室外进行，如果你必须在室内做这件事，一定要把灶具打开。关于焯水应该花多长时间、重复多少次，我则收到了一些相当矛盾的信息。但大家都同意，这必须做不止一次，而且焯过的水显然不能用来做酱汁或炖菜，必须扔掉。这对我来说似乎是一件非常麻烦的事。而焯水仅仅是开始，因为鹿花菌必须晒干储存，最好保存数周、数月或数年：人们在食用蘑菇之前应该等待多长时间的问题上也存在分歧。不管怎样，你知道自己在和真正的蘑菇爱好者打交道，一个人愿意遵循这个精心准备的过程代表着他们希望将毒素去除，或至少去除大部分毒素。人们能吃多少这种有争议的蘑菇，多久吃一次，吃多长时间，这是一门晦涩难懂的科学，充满了潜在的陷阱。值得一提的是，我也听说过这样的故事：有些人吃了多年的鹿花菌，然后突然病倒了。这就好像毒素在体内累积，直到有一天，身体说“够了”。这是打破标准、选择吃鹿花菌的人所面临的风险。

有关鹿花菌的可食用性话题也会在社交媒体上引起激烈的争论，尤其在有斯堪的纳维亚人参与进来的情况下。对于任何刚接触蘑菇协会的人来说，这些争论的激烈程度和不妥协可能会让人感到震惊。关于鹿花菌是否可以食用的问题，在日常温文尔雅的公民中也激起了强烈的情绪。虽然这种蘑菇在挪威被官方鉴定为剧毒，但在边境另一边的瑞典，人们可以在公开场合轻易地买到它，并在瑞典高档餐馆里点餐食用。在芬兰，没有人会对食用他们认为“美味”的鹿花菌感到不安。我曾经收到一份来自芬兰的礼物：一罐精心准备的干鹿花菌。不得不承认，这件礼物到现在还在我厨房的橱柜里，没有动过。但至少有一件事是清楚的：如果一个经过认证的蘑菇专家在检查点看到了鹿花菌，他一定是会没收的。

专家在检查点做什么是一回事，而在不戴检查官帽子时吃什么则是另一回事。

有一年的 5 月 17 日，即挪威宪法日，我搜集到了证据，证明即使是那些通常被认为是标准清单最严格的守护者私下也会吃鹿花菌。在一顿丰盛的宪法日午餐后，是时候做些运动了——寻找鹿花菌！因此大家没有穿着带刺绣的民族服装——5 月 17 日的传统装束。在这里，暖和的户外服装才是当务之急，每个人都期待着晚餐能吃到加了波特酒酱的鹿花菌。对于那些喜欢采集和食用鹿花菌的人来说，宪法日的庆祝活动可以轻松地持续到深夜。

“我们年纪大了，没关系。”其中一名成员兴高采烈地宣称。

“就我个人而言，我绝不会把它们送给处于生育期的年轻人。”另一位成员说。他可能是想让我放心，他们没有做错什么。

“我们只在 5 月 17 日吃，一年就一次。”第三个成员笑着告诉我。

我简直不敢相信自己的耳朵。

这支持了人类学的一个基本观察，即人们并不总是言行一致。我非常震惊，可能主要是因为我没有想到像这样的专家会冒这么大的风险，真的在私人生活中吃鹿花菌。我想，他们可以被比作驾驶教练，会在车里没有学生的情况下超速驾驶。对我来说，经过认证的蘑菇专家就像半神一样，我很尊敬他们，但那天我发现他们也不过是凡人。

警戒意识

我和新朋友 B 无所事事地在狭窄、干裂的小路上闲荡，身后留下了一团灰尘，就像牛仔电影里那样。这对我们来说不是什么好兆头，毕竟我们寻找的是蘑菇，而不是印第安人。阳光明亮、刺眼，今天早些时候大陆上下了雨，难道这个岛上没有下雨吗？这让我们都不知道从哪里开始找才好。来的时候，当 B 摇起缆索轮渡的把手，载着我们穿过狭窄的海峡时，我们和一群兴高采烈的岛民聊了起来，他们好奇地看着我们空空如也但充满希望的蘑菇篮子。“没有人在岛上发现过蘑菇。”他们说道。但是我们选择坚持下去，不被心存疑虑的当地居民所阻挠。

突然，出现了一个入口，通向一个昏暗的、神秘的小树林。我们应该走那边吗？林间的小路光秃秃的，有很多石头。尽管如此，但我觉得还是有希望的。树林的地面可能保留了近期降雨带来的一些水分。不管怎样，远离太阳、走进树林里阴凉的怀抱是件好事。我们花了一段时间才使眼睛适应凉爽的林地光线。我们沐浴在一片摇晃的斑驳阴影中，很容易屈服于四处游荡的诱惑，但此时是执行任务的时间，所以我开始扫描地形。

没过多久，我的眼睛就落在了一个蘑菇上，那是斜盖伞（*Clitopilus prunulus*），我不久前刚刚学习了关于它的知识，这是一道美味。我几乎可以听到老师的声音：铅白色的菌盖、下延的菌褶是粉红色的，还有一股淡淡的气味。这是一道真正的美味，还有一些与之相似但有害的蘑菇，所以你必须知道如何识别它。在这片森林里我们发现了很多斜盖伞，我挑选了一个长得不错的递给了 B。

"闻闻这个！"我语气略显轻快地说，把蘑菇翻了过来，将苍白的底面呈现给他。他挺直身子，深深地闻了闻菌褶，然后一言不发。

"你闻到什么味道？"我急切地问道，很想知道 B 能否察觉湿面粉的气味。

"我不想说。"他说，脸涨得通红，眼睛似乎不知道该往哪里看，也不知道该拿这个蘑菇做什么。

漫长而平静的几分钟过去了。B 本来就是一头红发，面色苍白，因此很难掩饰自己脸红的事实。我的天，我把我们俩都弄得很尴尬。我就在那儿，想着答案会很简单，也很明显，而且可能有助于激发人们对蘑菇的兴趣。那天我成为了一个奇怪的蘑菇传教士，但我原本的计划并不是强迫他去爱上蘑菇，而是想让他自己在路上发现蘑菇。

我们彼此还不太了解，他还不能放心地告诉我蘑菇闻起来是什么味道，我也没有深究。我不想使情况变得更糟。但不管怎么样，他闻到的肯定不是湿面粉的气味。

所有的感觉都消失了

在蘑菇初学者的课程中，我们的老师说，确定红菇是否可以食用的最可靠的方法是品尝它。当然，有一个前提，那就是你知道如何鉴别红菇。红菇的菌柄是纤维状的，不像其他蘑菇那样脆。一旦你确定手中的东西是红菇家族的一员，就可以咬上一小口，然后把它卷在舌头上。如果它有一种尖锐的、辛辣的味道，很可能是不可食的，有轻微的毒性，而所有味道温和的红菇都可以食用。不管味道如何，所有的试吃都应该吐出来。班上的几个成员——包括我在内——当初都对这个方法感到困惑，因为我们刚被告知，永远不要吃生蘑菇。尽管如此，全班同学很快就开始行动了，可能是因为我们看到老师尝了红菇，并且还能活着给我们讲故事。你很快就会认识到红菇辛辣的味道，就像辣椒、辣根或芥末，火辣辣的，能让口腔立刻充满灼热感。

黏稠度和质地也是鉴别蘑菇的关键因素。菌盖可以像天鹅绒一样柔软，也可以像橡胶一样坚韧，可以是光滑的、粗糙的、干燥的，或者黏黏的，上面沾满了灰尘、沙砾和松针。菌柄可能短而结实，细长而中空，光滑、多毛、粉状，或覆盖着丛卷毛（一种短短的绒毛）。我逐渐发现真菌学有自己的词汇来描述蘑菇的各个部分。比如在初学者课程的笔记本里，我曾记下了这样一个事实：通常在花园和公园里发现的可食用的墨汁拟鬼伞，菌柄上有丛卷毛。

从那时起，我了解到菌柄上可以有丛卷毛或散毛，散毛被触摸时就会脱落，粘到手指上，就像在刷湿油漆。大紫蘑菇就是一个很好的例子。根据那些喜欢夸大其词的人的说法，有些真菌上的丛卷毛很厚，你可以用刀把它抹开，就像软奶油和奶酪一样。菌柄也可以是网状的，或被网状的图案覆盖。网纹牛肝菌（*Boletus reticulatus*）的名字就是源自于它网状的菌柄。如果要完全熟悉这门新学科，就必须学习这些知识，那些有经验的蘑菇采集者能够轻松自如地说出这些内容，但这对我来说却是一项艰巨的挑战。

虽然听起来很奇怪，但你也可以用耳朵来识别蘑菇。诗人可能想知道，蘑菇的歌声听起来怎么样，其他人可能会问，蘑菇会发出声音吗？这些问题让人想起一桩禅宗公案：“一只手拍手是什么声音？”辣红孔牛肝菌（*Chalciporus piperatus*）具有独特的红色孔隙表面，有一根 4 到 6 厘米长的黄色菌柄，当它被折断时，会发出微弱的爆裂声，就像一个真菌做的香槟软木塞。所以，如果你想听到蘑菇唱歌，只需动动耳朵。

我们的嗅觉在品尝食物的体验中起着关键作用。研究人员估计，人们对味道的感知有 75%~95% 依赖于嗅觉。没有了气味，咖啡就会变成黑色的苦水。这对大多数喝咖啡的人来说都是一个奇怪的想法，包括我在内，我是在艾尔夫去世后才开始喝咖啡的。如果我们失去了嗅觉，感冒时食物就变得寡淡无味了，或者更确切地说，我们只能辨别出咸、甜、苦、酸或鲜味（Umami）中的一种。有些人可能会问，Umami 是什么？ Umami 是一个较新的英语单词，首次使用是在 1979 年。专家把它定义为一种蛋白质发酵的味道，比如成熟的奶酪、风干的肉、肉汤、脱水的海带或蘑菇。这些食物晾干、腌制或发酵的时间越长，其鲜味就越强烈。鲜味是我们在奶酪或腌肉中发现的令人满意的、持久的、光滑的、圆润的、肉感的、复杂的味道。研究表明，当两种鲜味丰富的食材混合在一起时，最终的结果是混出一个鲜味炸弹：在这种情况下，可以达到一加一等于三的效果。当我被邀请参加一个高级晚宴时，真真切切发现了这一点。有一盘前菜是香草汁腌制的美味牛肝菌、金针菇（*Flammulina velutipes*）和香菇（*Lentinus edodes*），再撒上磨碎的西博滕奶酪。西博滕奶酪来源于瑞典的帕尔玛干酪，味道浓郁而复杂。这款优雅的开胃菜是东西方鲜味的完美结合。给一道菜增加口感最简单的方法就是加一些鲜味，只要一点点就可以产生神奇的效果，完全改变昨日剩菜的口感。如果你想要找到一种迅速提鲜的方法，没有什么比放干蘑菇更好的了。

虽然在确定蘑菇属于哪一个种时，所有的感官都必须调动起来，但气味在其中起着特殊的作用。教授蘑菇初学者课程的老师会教我们如何闻蘑菇，那时我觉得很奇怪，他把鼻子贴在菌盖下面深深地吸了一口。用这种方式呼吸蘑菇孢子真的是必要的或者明智的吗？把微小的孢子吸入肺部不是有风险吗？孢子是通过风传播的，如果它们降落在条件好的地方，就能生出新的蘑菇。不过，真菌在肺部发芽似乎不可能。蘑菇在全班被传阅，这是一种标准的教学方法，其他人都毫不犹豫地闻了闻。显然我是唯一持保留意见的人。

尽管如此，我还是全力以赴地完成了这项任务，闻了所有的蘑菇，并尽我所能找出它们之间的区别。然而，我对各种气味的描述却不太成功。我们对嗅觉的感知是具体的、物理性的，但是我们用来描述它们的语言往往是抽象的。我们说："闻起来像……"课上的老师不停地说"杏、土豆、花、湿布、地窖、跳蚤市场、萝卜"等。某些蘑菇独特而明显的气味几乎就像指纹一样，是确定其身份的可靠手段。我们的老师认为有些蘑菇的气味很特别，可以蒙着眼睛辨认出来。对我来说，这听起来有点像马戏表演。

作为一个初学者，我遇到了一系列永远不会和蘑菇联系在一起的香味。任何闻到过大紫蘑菇杏仁香味的人都会难以忘却。同样地，尽管出于不同的原因，没有人能闻过白鬼笔的臭味后忘记那恶心的味道。

老师告诉我们，鸡油菌和假鸡油菌（橙黄拟蜡伞）的一个重要区别就是它们的气味。假鸡油菌没有气味，不像鸡油菌闻起来像杏子。我已经闻过了很多鸡油菌，但只能怀着极大的善意，并且带着不情愿才认同了这个理论。毕竟作为一个狂热的蘑菇爱好者（如果没有经验的话），确实会刻意表现出一些善意。但是鸡油菌闻起来有杏味吗？或者我应该这样觉得，因为经验丰富的蘑菇老手告诉我它有杏子的味道？初学者和蘑菇专家之间的权力是不平等的。把心理期望因素考虑在内，作为“蘑菇初学者”的我根本没有机会。所以我想象自己闻到了那些蘑菇老手说我应该闻到的气味。幻闻症是想象气味或嗅觉幻觉的术语，这对我来说是一个新词，而且被证明确实会发生。不过毫无疑问的是，当我闻到鸡油菌的时候，我闻到了气味，但那是什么呢？

气味的问题困扰着我。我发现描述蘑菇的外形比描述它的味道要容易得多。我曾读到“我们的视觉是‘合成的’，而我们的嗅觉是‘分析的’”。这意味着，如果红灯和绿灯同时照射到眼睛，眼睛会自动将这两个信号重叠，并解读为“黄色”。当我们闻到某种东西时，过程是完全不同的。鼻子记录了气味的所有成分。因此，气味的总体感受是各种组分单独气味的集合体，这种混合的嗅觉感知被分析并与储存在大脑中的气味档案相比较。通常没有一个词来形容这种复合气味。当我读到这篇文章的时候，我的脑袋里像是突然点亮了一个灯泡，“原来是这样！”我好像理解了问题的关键！

再用谷歌搜索一下“气味”就会发现，个体嗅觉感知的差异远大于视觉感知。我们的身体状况或情绪的波动会影响我们的嗅觉。在同龄人中，有些人的嗅觉是其他人的 1/40 到 1/10，嗅觉灵敏度也因物质而异。也就是说，我们可以对某些气味“视而不见”，但对其他气味则不能。一个众所周知的例子是“芦笋尿”：一些人吃了芦笋后，会从尿液中闻到一股硫黄或汽油的味道，而另一些人则一点也闻不到。Mushroomexpert.com 网站的真菌学专家迈克尔·库（Michael Kuo）描述道，他发现自己很难感受到蘑菇中酚类或石炭酸的气味，但对其他蘑菇中粉状气味非常敏感，以至于可以在几码[①]外闻到它们。这种科学的解释让我不禁思考：是不是自己的嗅觉比其他人差，还是因为我处于极度悲伤的状态，导致在检测蘑菇气味方面出现了问题？

我们倾向于把特定的人与他们的气味联系起来。有个故事，很可能是虚构的，说的是在一场胜利的战役之后，拿破仑给他的情妇写了一封信，信中写道：“不要洗澡，我在回家的路上！”气味会强化我们对周围人的印象，无论是正面的还是负面的。描述我们认识的人的气味是很困难的，但将特定的气味与他们联系起来就容易得多了。闻到过去的气味会触发强烈的记忆，那是一种瞬间时光倒流的感觉。一位父亲去世 40 多年的朋友仍然每天使用他父亲的办公桌，有趣的是，他从来不曾清理过桌子抽屉。他告诉我当他时不时打开抽屉时，仍然能闻到父亲的味道。这张桌子就像一台时光机，把他带回到父亲在世的时候。

我很羡慕他，也很伤心，因为我没有一个像那样的抽屉，里面装

① 长度单位，1 码 =0.9144 米。

满艾尔夫的东西，我可以打开它，然后唤起属于他的气味。我唯一能想到的就是马坝牌的烟丝，它混合着可可和巧克力的味道，让我想起艾尔夫的学生时代，那时他喜欢抽这种烟丝。

蘑菇采集者如何描述蘑菇的气味？最新的蘑菇指南通常只有简短的介绍，但在早期的文献中我们能看到很完整的描述。在一本古老的丹麦蘑菇指南中描述散布粘伞（*Limacella illinita*）时写道：气味微弱，最初是粉状或泥土味，带有薄荷脑或松节油的味道。除此之外，还有一些令人不快的感受，有点像熟过的肉、上蹿下跳的母鸡、湿淋淋的狗、汗水、脏衣服，甚至有一种没打扫的公共厕所的味道。

在挪威关于蘑菇和真菌的书中，经常发现蘑菇的气味被描述成“令人愉快的”或“令人不快的”。这种描述很奇怪，因为人们对嗅觉的认知，就像味觉一样，是高度主观的。举个例子，我的一个女性菇友很喜欢裸香蘑（*Lepista nuda*）的味道，还有一些蘑菇采集者觉得裸香蘑的气味有点甜甜的，但是我不喜欢这种蘑菇，觉得它有橡胶烧焦的味道，而我的第一位老师把裸香蘑的气味形容为“威灵顿的鱼肝油”。

因此，当我读到波尔·普林茨（Poul Printz）于20世纪80年代在丹麦做的一个简单的嗅觉实验时感到非常高兴。普林茨将不同种类的蘑菇分别用纸包好，让人们去嗅它们。首先，参与者被要求说出他们认为气味是好是坏，然后被要求描述这种气味。在实验中，普林茨使用了不太为人所知的蘑菇，以避免参与者的既有知识影响他们的反应。他在丹麦蘑菇知识促进会的杂志上描述了这项非常有说服力的实验的结果。

文章没有说明有多少人参加了这项持续数年的实验。尽管如此，研究的结论是人与人之间嗅觉偏好差异非常大，同一种蘑菇在不同人中会得到截然相反的反应。

主观描述还有一个明显的问题：一个人的嗅觉也会因年龄、是否服用特定药物以及女性是否怀孕而有所不同。最有经验的蘑菇采集者也提起在蘑菇节他们的嗅觉会短暂地提高。有人说，在冬季，他们的鼻子几乎进入了冬眠状态，但随着外出活动频率的增加，鼻子又逐渐变得敏感起来。

蘑菇	受试者对气味的印象	描述
根粘滑菇 （*Hebeloma radicosum*）	好闻：75% 难闻：25%	杏仁软糖、杏仁、樟脑球、巧克力蛋糕、雀巢咖啡
毛纹丝盖伞 （*Inocybe hirtella*）	好闻：75% 难闻：25%	杏仁香精、萝卜、杏仁软糖
鲁巴加里努斯丝膜菌 （*Cortinarius rheubarbarinus*）	好闻：50% 难闻：50%	萝卜、梨、鲜甜、丁香
臭红菇 （*Russula foetens*）	好闻：40% 难闻：40% 无味：20%	微甜、蜂蜜、甜瓜、草莓、游泳池、氯、杏仁、湿海绵
退紫丝膜菌 （*Cortinarius traganus*）	好闻：20% 难闻：70% 一般：10%	肥皂、金属、橡胶、水果味、口臭、李子蜜饯

对气味的感知不仅是主观的，还会受文化影响。作为一个国家的国民，我们被社会化了，因此更喜欢某些固定的气味。看看在不同国家最畅销的 10 款香水，你会发现关于什么是最好的香水有着明显的差异。香奈儿 5 号在法国排名第一（多年来一直如此），但在美国从

未登顶排行榜。我采访过的一位嗅觉专家告诉我，文化在决定我们喜欢哪种气味方面起着很大的作用：德国人喜欢松树，法国人喜欢花香，日本人喜欢精致的香味，而北美人则喜欢他们所谓“大胆的气味”，比如“清爽的松木味”。

这些民族差异也反映在各个国家的菜肴中。在冰岛的菜单上，你会发现腐烂发酵的鲨鱼肉和用羊粪与稻草熏制的羊肉。挪威有自己的腐鱼美味——挪威腌鳟鱼，由鳟鱼或炭鱼制成，经腌制和发酵两到三个月，甚至长达一年，然后不经烹煮直接生吃。有些国家的人闻到这种食物就觉得在吃屎，而挪威人闻到的却是一顿香甜的美餐。因此，各国对蘑菇香味的不同偏好也就不足为奇了。挪威专家称，烟云杯伞（*Clitocybe nebularis*）很香，煎煮后就可以食用。但美国人从不碰它，声称闻起来很臭。

不同国家对特殊气味偏好的最好例子是围绕松口蘑的争论。松口蘑是日本市场上最贵的蘑菇之一，由于在日本越来越稀少，它的价格逐年上涨。1905 年，挪威人阿克塞尔·布莱特（Axel Blytt）在奥斯陆上方的山丘上发现了这一物种，并对其进行了科学描述。布莱特一定觉得这种蘑菇的味道很恶心，因为他给它起了个绰号叫“恶心（nauseosa）”。美国著名的真菌学专家大卫·阿罗拉（David Arora）的判断就没那么苛刻了，他认为松口蘑闻起来有“脏袜子”的味道。日本人的看法则完全不同。1925 年，日本研究人员描述了这种蘑菇，并将其命名为 Matsutake，这与日本古语“香”相呼应。根据他们的说法，松口蘑闻起来很“香”。1999 年，日本的松口蘑和挪威的松口蘑被证明是同一个物种，根据科学惯例和命名规则，第一个描述蘑菇的人拥有定名权。因此，这个物种应该被称为 *Trichonoma nauseosum*。

日本人对此很不高兴。要知道在日本，人们是戴着棉质手套摘松口蘑的，为的是避免手指上的皮脂破坏松口蘑的完美口感。松口蘑一直被日本人作为最高端的礼物，在庄严的仪式上交换。早在公元前759年，就有诗描写这种蘑菇的伟大。在12世纪，日本宫廷里的女性是不允许说出“松口蘑”这个词的，因为松口蘑恰好是阴茎的俚语。在当今的日本，松口蘑供不应求，部分是因为人们认定它对男性有伟哥一样的作用。所以，当珍贵的松口蘑要被赋予如此难听的学名时，几乎是对日本民族荣誉的侮辱。他们的国宝怎么会永远被冠以“令人作呕的蘑菇”这个名字呢？日本游说者发起了一场大规模的公关活动，最终赢得了这种蘑菇被称为 *Trichonoma matsutake* 的权利。

当一群我认识的挪威蘑菇爱好者在他们自己的土地上发现松口蘑时，决定试着烹饪一下。他们用挪威人惯常的方式，加入黄油、盐和胡椒粉油炸，但结果却不尽如人意。一开始我以为这一定和挪威人的味觉有关，但后来我发现了以下解释：香味是脂溶性的蘑菇，最好用黄油烹调。松口蘑的香味是水溶性的，所以只有在汤里或米饭里才会真正散发出自己独特的味道。要做日本风格的松口蘑饭，得把米饭煮开，加入一把松口蘑碎，关小火，盖上盖子，等待米饭和松口蘑的味道彼此混合在一起。人们认为这种方法能把大米的味道提升到难以想象的高度，至少日本人是这么觉得的。

真菌界需要在嗅觉方面做更多研究的另一个原因是，一些用来描述蘑菇香味的标准术语如今几乎没有人掌握。以薰衣草色丝膜菌

（*Cortinarius camphoratus*）为例，根据挪威蘑菇指南，它闻起来像是烧焦的牛角、山羊羊圈或发情的公山羊的味道。这种描述无论是对在挪威还是在其他地方的人来说都没什么意义，除非他们碰巧冬天大多数光景都在羊圈里度过，亲眼目睹了刚出生两天的小羊被切角。对于像我这样出生在一个马来西亚小镇的人来说，这样的描述毫无意义。另一个很好的例子是粘白蜡伞（*Hygrophorus cossus*）。据报道，这种蘑菇闻起来有一种会钻到柳树树干里的山羊蛾幼虫的味道。尽管山羊蛾幼虫确实有一种非常明显的气味，但除了昆虫学家之外，很多人不太可能辨认出这种气味。不管怎么说，谁想闻到一只又大又胖、有着可怕下颚的幼虫。还有据说闻起来像樟脑丸的臭湿伞（*Hygrocybe foetens*），以及闻起来像火车引擎的卡里斯特丝膜菌（*Cortinarius callisteus*）。酚醛气味作为鉴别有毒蘑菇的重要线索，又有多少人了解呢？

杏子和其他香味

我在熟悉鸡油菌气味的过程中得出结论：人们普遍接受的、用于描述蘑菇气味的词汇往往是那些常作为嗅觉描述的词汇。在我看来，蘑菇指南中使用的术语似乎是有缺陷的。一个人在闻蘑菇时所闻到的一切，通常都被简化为一个标准的描述词。协会的资深老师一次又一次地提醒我们：辨认蘑菇是没有捷径的，尽管这是所有初学者所祈祷的。但是，当谈到如何定义蘑菇的气味时，很多人似乎走了捷径，甚至是该领域的顶尖专家。他们说，野蘑菇闻起来有杏仁的味道；多汁乳菇（*Lactarius volemus*）闻起来有贝类的味道；褐云斑鹅膏（*Amanita porphyria*）有生土豆的味道；诸如此类。葡萄酒专家和啤酒专家已经开发出一整套词汇来描述和捕捉当他们把一杯葡萄酒或啤酒举到鼻子前时所感受到的多角度的芳香，但蘑菇专家似乎恰恰相反，他们用有限的描述范围降低了嗅觉的复杂性。我怀疑这并不是因为蘑菇的香味与葡萄酒或啤酒的香味完全不同，而是因为蘑菇爱好者这一群体被困在了嗅觉描述的一条岔路上。

初学者面临的挑战是弄清楚蘑菇爱好者在谈到“杏仁”“贝类”或“生土豆”时到底是什么意思。有经验的蘑菇采集者非常熟悉黄孢红菇（*Russula xerampelina*）的气味，那是一种类似螃蟹的味道。但这些真菌领域的业内人士似乎忘记了一个人要熟悉螃蟹的味道并不容易，尤其对于还站在圈外探索的初学者。对他们来说，如何使标准术语与接触蘑菇时闻到的芳香化合物的味道联系起来是一大挑战。

很久以后，当我成为一名合格的蘑菇检查员，我带着一组人去奥斯陆峡湾的霍维德岛采摘口蘑。我们几乎一到岛上就发现了第一批口蘑。队伍中有几个初出茅庐的人以前从未见过口蘑，看到不太熟悉真菌的人第一次体验到采集蘑菇的喜悦总是很有趣的。这种有趣不仅来自他们发光的眼神，身体的每一个部分都亮了。他们有的微笑，有的咯咯笑，有的大声笑。他们中间比较爱表露感情的人会欢呼，跳上跳下，在空中挥舞手臂。作为向导，我经常会为他们指出其他蘑菇的方向，只是为了让他们再次感激地鞠躬。他们发现很难相信有人愿意分享自己的蘑菇发现，大家都听说过蘑菇圈子里的秘密采集点。我如此慷慨是“别有用心”的，我有一个特别的问题要问他们：口蘑有什么气味？

每个人都同意这种蘑菇有一种独特的气味，但这气味通常不会与蘑菇联系在一起。我收到了各种各样的答案：清漆、油漆、杂酚油、汽油、酸败油、胡桃木，甚至还有樟脑丸的主要成分萘。有人甚至认为它有“发酵”的味道。

我饶有兴趣地注意到，没有人将其描述为“湿面粉”，而这正是野外指南中的标准描述。同一天晚些时候，我碰巧遇到一位著名的厨师，他热情洋溢地告诉我他做了一顿口蘑大餐。他小时候就认识这种蘑菇，但直到那一刻才真正见到它在野外的样子，但他马上就认了出来，这其中气味起了一部分的作用。在我没有任何提示的情况下，他开始长篇大论，反对野外指南中不断提到湿面粉是口蘑的官方气味。与大多数人不同的是，他对这个问题的处理很有条理。他真的往面粉里洒了点水，闻了闻，然后又闻了闻口蘑。最后得出结论，口蘑完全没有湿面粉的味道。也许他是对的。波尔·普林茨说对早期的作家来说，湿面粉的气味是“去年的旧面粉堆积在揉面槽里，或者留在面粉店里那种的更刺鼻气味”。如今我们在超市里闻到的面粉气味并不是曾经人们所熟悉的面粉气味。

最近，我带了另外一群初学者外出活动，目的是向他们介绍一些食用菌和主要的毒蘑菇。我们发现的第一批蘑菇是薰衣草色丝膜菌，它因难闻的气味而臭名昭著。我把蘑菇分成两半，让小组里的每个人都闻了闻。令我惊讶的是，意见分歧很大：一半的人认为它闻起来很恶心；其他人则觉得它的气味很香。从那以后，我对每一个初学者都重复这个测试，因为他们还没有被蘑菇世界的标准描述所固化，每次结果都有很大的差异。这个例子也许可以进一步证明，试图从主观的角度来描述蘑菇的气味是没有意义的。就薰衣草色丝膜菌而言，蘑菇爱好者一定认为它闻起来很臭，因为他们已经先入为主知道了这种描述。

我理解当你发现自己身处未知领域时，会本能地坚持标准答案，无论是作为真菌王国的一个新的旅行者，还是一个刚进入悲伤王国的寡妇。不幸的是，无论是哪一种身份，这些标准答案都没有奏效。

我觉得人们在日常生活中对死亡的委婉说法令人恼火。他们是想缓和局势吗？为什么人们不能直言不讳？我太敏感了，几乎所有的事情都让我紧张，不管是说什么还是不说什么。有些人太爱管闲事，爱出风头，而另一些人却保持着奇怪的疏远，害怕说错话或在伤口上撒盐的人是最不愿意提供帮助的。那些表现得好像什么都没有发生过的人，或者不再出现的人，他们这样做是为了我还是为了他们自己？当他们认为自己是我的好朋友时，情况就更糟了。我没有宽容的力量，我的行为和反应完全不考虑是否在制造不好的气氛或让别人不安。我不能完全控制自己的言行，也不知道自己冒犯了谁，什么时候、以什么方式。我变得短视了，除了自己的悲伤，什么也看不见。

通常情况下，我们这些被抛入悲伤海洋的人会收获很多陈词滥调。有人好心地建议我养条狗，或者笨拙地安慰我还年轻，可以再找伴侣，这些都毫无用处。世界上大多数从好的出发点给出的建议都是毫无用处的。向前看，划出一条线，而不是回头看，这对我没有用。大多数人似乎认为生活中的不幸应该尽快抛诸脑后，你只需咬紧牙关继续生活下去。我没有花多少时间去真正考虑这些话，根据我的经验，陈词滥调给人安慰的能力几乎为零。但是我也不知道如何最有效地减轻痛苦，我很难确切地说出自己需要什么。当安慰的话语毫无用处时，我们，无论是需要安慰的人还是试图安慰的人都倍感无助。

作为一个相对年轻的寡妇，我几乎没有得到过同龄人的帮助，他们中的大多数人对痛失至亲的感受知之甚少或一无所知。我们生活在这样一个社会里，死亡代表医学的失败，而不是生命的一部分。在一个几乎不允许死亡话题出现在公共场所的文化中，悲伤变成了一种私事，成为我们无法承受的奢侈品。我们都是悲伤的业余爱好者，即使每个人迟早会失去一个亲近的人。我决定允许自己尽情地悲伤。

“默会知识”这个词对于任何想对蘑菇气味做更多研究的人来说都是一个有趣的词。默会知识是一个人不经思考而使用的知识，语言就是一个很好的例子。能流利地说一种语言的人可以算是对该语言有默会知识的人。他们知道如何说这种语言，但大多数人无法解释他们使用的语法规则。默会知识很难传授，获得这种技能的最好方法之一是借鉴专家的经验，就像学徒通过与熟练的工匠一起工作来学习他们的行业知识一样。观察、模仿和练习，这些是关键。我们都知道，熟能生巧。默会知识是一种已经被行动所证明的、根深蒂固的知识。这样的知识是不能从书中得到的，这就是为什么对蘑菇气味的书面描述价值有限。气味必须一次又一次地通过“闻”去体验，直到对它们的了解成为新手的第二天性，并能付诸实践。这一切都是为了获得足够的经验来了解薰衣草色丝膜菌的气味，而不必一定要描述成什么味道。这样做，你就已经破解由这个领域定义的气味密码，也只有这样，你才能明白其他人在说什么。

捉老鼠的艺术

艾尔夫死后，我也失去了了解所有他知道和能做的事情的机会。不仅是他的默会知识，还有他的其他技能。他有求知欲，博览群书，记得自己读过的知识。他是每个人最喜欢的智力竞赛伙伴，无论什么时候我有问题，都可以从他那里得到一个有趣的答案。缜密的逻辑和渊博的知识使他成为理想的搭档。

“艾尔夫会说什么或做什么？”这是我经常问自己的一个问题。我得到的答案给了我想法和力量去尝试。这不仅适用于大而严肃的问题，也适用于日常生活中的小挑战，比如抓老鼠。无论是知识层面还是实际层面，我都一无所知。然而，我最近越过了理论上如何抓老鼠和实际如何抓到老鼠之间的界限。对于任何一个有狩猎许可证并且曾经猎杀过大型动物的人来说，一只小老鼠显然是微不足道的。但对我来说不是。不要误解我的意思，我不是要像20世纪50年代漫画里的女人那样，跳到凳子上大喊“哎呀！”。但在我们家，有些工作是我的，有些是艾尔夫的。抓老鼠绝对不是我擅长的，这是他的职责，我从来不用担心。

空气开始变凉，毫无疑问秋天就要来了。我在半夜里听到微弱的吱吱嘎嘎的声音，这意味着有一两只老鼠搬进了农场的小屋。相比秋天夜里寒冷的户外，装着锅炉的小储藏室提供了温暖而舒适的新选择。虽然不愿意，但我知道得做点什么。不能拖延，也不能回避。在内心深处，我知道我将不得不挖出艾尔夫最喜欢的捕鼠器，它能立即折断任何冒险上钩的老鼠的脖子。我必须很惭愧地承认一点，我花了相当一段时间把这台捕鼠器翻来倒去，试图弄明白它是如何工作的。如果你小时候没有玩过乐高和麦卡诺[①]，就会发生这种情况。我用一根小树枝来测试这个机械装置，感觉自己既聪明又狡猾。我应该用什么做诱饵？培根，那会引诱老鼠吗？就是培根了！我把捕鼠器放在储藏室后，在隔壁的卧室安顿下来。那天晚上会有月食，这是几十年来的第一次。每个人都在等待月食，但我在等老鼠。

凌晨1点30分，我听到老鼠在储藏室里吵吵嚷嚷。我屏住呼吸，竖起耳朵。当我们真正倾听一种特定的声音时，会惊讶地察觉自己的听力变得多么敏锐。我躺在床上，僵硬得像一块木板，耳朵紧张地竖起来，在老鼠和我之间只有一堵薄薄的木板墙。我躺在那里，听着枕头后面这个小家伙垂死挣扎的声音，这让我很不舒服。最后，似乎过了一段漫长的时间，一切都安静了下来。我如释重负地松了口气。

马上出现的问题是：我怎样才能除掉这只倒霉的老鼠呢？不过，这件事要等到明天早上再说。我没有计划成为一个伟大的捕鼠者，但这证明：必要的时候，任何人都可以成为恶魔，比如解决啮齿类动物的问题。

---

① Meccano，商标名，主要是钢件组合的模型玩具。

芳香研讨会

我梦想着组织一次关于蘑菇气味的研讨会，在会上，蘑菇一个接一个地被传阅，来自蘑菇协会之外的嗅觉专家像我们一直在做的那样闻一闻，然后告诉我们他们闻到的是什么味道。但如何组织这样的活动呢？哪里可以找到拥有受过良好训练的鼻子和丰富的嗅觉词汇的人呢？

我在巴黎的一个聚会上认识了 M。他从事香水行业，主要工作是建立一个与该行业相关的香味数据库。在晚会上，他认识的一个人突然来打招呼。M 拥抱了他，认出了他用的香水，并称赞了他选择的古龙水，说这款香水和他很配。我对 M 的气味探测能力印象深刻。他提醒我，每个人对香水的化学反应都是不同的，同样的香味用在不同的人身上效果会有很大的不同。所以，他的赞美不仅仅是对古龙水的味道，更是对古龙水和男人结合的赞美。

让我们闻起来更香的产品在全球拥有着巨大的市场，很多国际明星也发现了这一点。因此，经典香水品牌现在不得不与布兰妮 · 斯皮尔斯、碧昂丝、蕾哈娜、詹妮弗 · 洛佩兹和席琳 · 迪翁等竞争，因为这些名人都推出了自己的香水品牌。我们对自己的气味很在意，这不仅仅表现在我们把昂贵的香水喷在身上，那些用于去除身体异味的产品也有着很大的市场。

我告诉M关于我在蘑菇气味方面遇到的问题，以及我如何发现很难理解某些香气的描述。他不认为这是一个问题，只需要练习、练习、再练习就可以。他试着给我简单介绍了他的领域来说明这一点。正如所有的颜色都可以分解为原色一样，气味也可以被分解成大的“原色系列”，比如东方香水、柑橘香水、花卉香水或木香。每个系列都有几种不同的香味。每一个人家中的所有香水很有可能都来自同一个系列，因为作为个人来说，我们倾向于选择特定的香气。香水专家使用的是音乐领域的术语，他们经常提到香水中的前调、中调和尾调，并把这些组合称为“和声”。根据M的说法，有些香水可能只由两到三种元素组成，比如音乐二重奏或三重奏，而其他更复杂的香水则可以被比作一个由嗅觉元素组成的管弦乐队。

蘑菇的气味也可以被描述为音乐的和声吗？有些可以比作简单的器乐组合，有些可以堪比大型乐队吗？当我听M解释的时候，脑子里充满了各种各样的问题。蘑菇、音乐和葡萄酒有一个共同点，那就是有太多的信息需要吸收，而每个喜欢这些东西的人都有自己独特的品味。M还解释了为什么严肃的蘑菇爱好者总是把鼻子贴在蘑菇上，这个习惯我花了一段时间才学会。在我们闻到任何东西之前，可闻的分子必须通过空气传到我们的鼻内。当我们张开鼻孔去嗅蘑菇时，这些分子会传到鼻尖，在那里有一层膜，膜上的受体可以把它们收集起来，用来检测和区分无数种气味。所有这些都发生在嗅觉上皮，一个大约1.5平方英寸（约9.7平方厘米）的微小区域。它把气味分子转化成化学信号，然后直接传送到大脑。

“说到底，这一切都只是化学反应。”M 说。

当语言学家阿西法·马吉德（Asifa Majid）将采猎部落嘉海人（Jahai）的语言与英语进行比较时，她发现嘉海人的语言中有更广泛的词汇来描述气味。例如，他们有非常具体的词来形容陈米、蘑菇、煮卷心菜和某些鸟类的气味。没有人知道为什么会这样，但马吉德认为，这可能是因为要在丛林中生存，嗅觉必须和视觉一样高度发达。

有人说，即使狗会说话，我们可能也无法理解它们。一些研究人员认为，蜜蜂和狗狗一样，能立即察觉和解读周围的气味，蜜蜂的这一技能使它们能够找到需要的花。香水行业的专业人士用非常特殊的词语来判断和定义香味的细微变化。对于那些不懂香水师语言的人来说，这些词毫无意义。我们不知道“芳香”的意思是“樟脑、薰衣草、迷迭香和鼠尾草等草本植物的味道”。所有的香水师都使用相同的专业术语来描述气味：琥珀、动物、樟树、奶油、酯、脂肪、草、皮革、东方、花瓣、粉状、肥皂。我认为这正是问题的症结所在。

内部行话

约翰·兰彻斯特（John Lanchester）在《纽约客》上发表的一篇文章中写道，他花了很长时间才弄明白其他品酒师所说的葡萄酒的“颗粒感”是什么意思。他在一开始无法理解这种感觉，因为找不到合适的词来形容。后来有一天他突然明白了别人在说什么。正如他自己所说：“我喝了一口……然后一下子感悟到了！”从那以后，他可以和其他说同样语言的品酒师分享他发现葡萄酒颗粒感的故事。他们都能把这种特殊的味觉体验和这个词联系起来。

一旦你进入一个亚文化圈，并且了解一种更精确的共同语言，就很容易忘记自己曾作为一个局外人的感觉。那些酒迷们描述的玫瑰、煤油、黄油、马皮、樱桃和柏油的口感，对于外行人来说既看不见、尝不到，也闻不到。从旁观者的角度来看，它特别像《皇帝的新衣》中的场景。在香水和酒香的例子中，我们谈论的是它们自身独特的专业术语。不过，让这个问题变得复杂的原因是他们使用的术语并不是新造的词汇，而是被赋予了新的特殊含义的日常用语。学会理解这些词的新用法时，你就突破了文化障碍。

要破解挪威的户外代码，你不仅要学习语言，最重要的是，这种文化结构必须成为你的第二天性。香水、葡萄酒或蘑菇气味的交流可能与跨越类似的文化障碍有共同之处。当这些障碍被跨越时，某种新知识像拼图一般逐渐显现，一切就没有回头路了。这种新知识是无法被遗忘的。

斟完酒后，专家们闭上眼睛，将鼻子深深地探入杯中，然后吸气。他们把周围的一切都拒之门外，只专注于鼻孔里的气味。他们能闻到并识别出哪些气味？这些香味中的哪一种与已经储存在他们大脑中的香味类似？首先，他们在葡萄酒静止不动的时候闻一闻，然后摇一下酒杯，再闻一闻。当葡萄酒被摇晃时，挥发性化学物质的香气会直接从酒杯中央涌出。葡萄酒专家英格维德·坦弗乔德（Ingvild Tennfjord）将晃动的葡萄酒比作在一段音乐中调高音量。这是一种高度的感官体验，香气犹如在鼻孔中“爆炸”。而且，正如坦弗乔德所说，如果你能更好地闻酒的味道，那么它的口感也会更好。

酿酒师或葡萄酒专家是如何训练鼻子的？他们一直在努力增加自己的嗅觉记忆。香味被记忆起来，藏在香气库里。坦弗乔德建议在一个葡萄酒杯里放一半草莓，然后把鼻子伸进杯子里，这样你就能闻到并记住草莓的味道。你可能认为你知道草莓的味道，但是这个练习可以帮助你发现新鲜的感官印象，因为玻璃杯里的气味是如此集中。接下来，可以开始比较草莓和覆盆子的味道。诸如此类的系统训练可以精进你的嗅觉技能。

狗可以通过训练成为特殊的松露猎犬，我们能用同样的方法训练自己的蘑菇鼻子吗？如果我们把各种各样的蘑菇，放进一系列的酒杯里会怎样？每种蘑菇都有独特的气味，每一杯都能捕捉并浓缩蘑菇的香味。一旦我们确定了一杯酒的香味，就可以接着下一杯了。另一个练习方法是检查你能单凭气味辨别出多少蘑菇，比如蒙着眼睛闻。也许蘑菇协会应该考虑在下一届一年一度的蘑菇博览会上举办一场“盲嗅”比赛。首先，我建议在一排酒杯里装满各种气味的蘑菇，有面粉味、精液味、杏子味、萝卜味、新鲜出炉的椰子蛋白杏仁饼味、杏仁味、肥皂味、贝类味、生土豆味、人造甜味剂、烧烤味和咖喱味。

大奥斯陆真菌和有用植物学会采纳了我提出的举办芳香研讨会的想法，但协会有限的预算没办法邀请专业的香水师或酿酒师。不过，我还是很想让一个训练有素的鼻子来描述蘑菇的气味，并且这个鼻子还没有被蘑菇领域的标准描述词同化。我该怎么办呢？

感官委员会

为了解决这个问题，我们找到了感官委员会。感官委员会是利用人类的感官来评估和描述产品属性的，如颜色、形状、气味、味道、质地、声音和痛感。最后一个属性与诸如辣椒这样的食物有关，因为它们的辣味确实会引起疼痛。这样的委员会是由一群专业的感官分析师组成，他们的感官比普通人更敏锐。

有趣的是，委员会的成员也对这个任务感兴趣，因为他们从未研究过蘑菇，所以这是一个双赢的局面。尽管如此，我们必须自己选定测试当天可用的蘑菇。

委员会收到了蘑菇样品，根据蘑菇采集者的说法，这些蘑菇都应该有与众不同的、独特的气味。常规的测试中委员会成员会进行全面的描述性分析。在第一阶段，专家在头脑风暴会议中确定受试物气味的属性；在第二阶段，专家就受试物的每个属性强度达成一致的意见。我们的芳香研讨会只需要完成这个过程的第一部分，让委员会的专家一致确定他们认为的每种蘑菇的特性，对于每种属性的强度则不作要求。

委员会得出的结果如下：

蘑菇	感官委员会的描述	挪威蘑菇指南中的描述
斜盖伞（*Clitopilus prunulus*）	木材、纸板、黄瓜	未成熟的、粉味
蓝柄亚齿菌（*Hydnellum suaveolens*）	薰衣草、茴香、香料、化学药品、椰子、香水	令人愉快的气味
亮栗色乳菇（*Lactarius helvus*）	咖喱、橡胶、红糖、焦臭、香料	咖喱、高汤、麝香草、茴香、香豆素
褐云斑鹅膏（*Amanita porphyria*）	泥土、发霉、坚果、土豆、萝卜	生土豆
巨囊伞（*Macrocystidia cucumis*）	鱼、盐水、三文鱼、黄瓜	黄瓜、鱼腥味

（续表）

蘑菇	感官委员会的描述	挪威蘑菇指南中的描述
土味丝盖伞（*Inocybe geophylla*）	氨、金属、苔藓、泥土、草	精液
浅灰香乳菇（*Lactarius gylciosmus*）	橡胶、柴油、铅笔橡皮、椰子、香料、苔藓、发霉、霉菌	新鲜出炉的椰子蛋白杏仁饼干
灰褐丝膜菌（*Cortinarius paleaceus*）	泥土、树皮、金属、苔藓	天竺葵
冠状环柄菇（*Lepiota cristata*）	化学药品、泥土、令人作呕的气味	不愉快的化学气味
黄孢红菇（*Russula xerampelina*）	氨、腐烂的鱼	鱼（鲱鱼）
紫柄红菇（*Russula violeipes*）	塑料、鱼、苔藓	贝类
野蘑菇（*Agaricus arvensis*）	甘草、森林	杏仁
白林地蘑菇（*Agaricus sylvicola*）	甘草、焦臭、茴香、苔藓、氨、泥土	杏仁
鸡油菌（*Cantharellus cibarius*）	胡萝卜、松节油、甜、森林、苔藓	干杏子
大毒粘滑菇（*Hebeloma crustuliniforme*）	泥土、发霉的森林地面	类似萝卜
大孢粘滑菇（*Hebeloma sacchariolens*）	合成糖、药、油毡、新车	甜味、水果、浓烈的
褐盖粉褶菌（*Entoloma rhodopolium*）	肥皂、霉菌、松木	肥皂

从感官委员会对蘑菇的第一次讨论中，我们可以看到，只有50%的蘑菇符合挪威野外指南的描述。

这让我对其他国家的蘑菇指南中的描述感到好奇。斜盖伞在一份北美的野外指南中还被描述为有“粉末的气味”，并且闻起来“有点像黄瓜”，这是我在挪威指南中从未见过的描述。我还在一本书中发现褐云斑鹅膏被描述为“有萝卜的味道”。在这些案例中，感官委员会似乎只关注到美国人闻到的气味。

这个小小的测试表明，挪威人关于蘑菇气味的描述并不是真理。十位委员会成员在第一阶段花了四个小时（这相当于他们一周的工作量），但显然我们还有更多的工作要做，如果能继续与感官委员会合作就太好了。但这些初步的发现也能帮助我们意识到，在描述蘑菇的嗅觉特征方面，我们还有很长的路要走。也许这会鼓励我们改进蘑菇鼻子，或者仅仅是鼓励人们对蘑菇和真菌产生兴趣。

葡萄酒、奶酪、啤酒、咖啡和橄榄油都有自己的国际标准化香气轮盘，用来描述产品的气味和口感。一个标准化的香气轮盘更容易传达个人的发现。举个例子，当葡萄酒专家谈到焦糖的香味时，他们可以详细说明指的是哪种焦糖，是糖蜜、巧克力、黄油、奶油糖果，还是蜂蜜。想象一下如果蘑菇有自己的香气轮盘会是怎样的情景！

作为国际“生命条形码”项目的一部分，所有原产于挪威的真菌都被加入系统数据库。将世界上所有真菌的DNA数字化，在技术上已经可以达成，那为什么描述蘑菇气味却仍然如此困难，为什么我们缺少词汇和语言来更精确地描述蘑菇的气味？当我和奥斯陆大学自然历史博物馆的真菌学家讨论这个问题时，他提出了一个理论：瑞典著名的真菌学专家伊利亚斯·弗里斯（Elias Fries）被公认为蘑菇分类学之父。弗里斯的作品《真菌学系统》（*Systema Mycologicum*,

1821—1832）、《真菌菌类》（*Elenchus Furgorem*，1828）、《层菌纲专辑》（*Hymenomycetes Europaei*，1857，1863）和《欧洲层菌纲》（1874）确保了他作为现代真菌分类学主要贡献者的地位。但是弗里斯是个老烟枪，喜欢抽雪茄，而吸烟是会影响嗅觉的。

我想知道，弗里斯的嗅觉有多灵敏？

旧习和新技

据我所知，在那些失去亲人的人当中，有些人在他们所爱的人去世的那一刻就戒烟了，而另一些人却因此而开始吸烟。幸运的是，我从来没有被烟草的诱惑或诅咒所折磨。在我还是个孩子的时候，我的父亲，一个不吸烟的人给我吸了一口烟。结果证明，这是一种狡猾的方式，让我对吸烟的阴险魅力免疫。

互助会邀请我们这群丧亲之人晚上去听一位遗孀的谈话，讲述她是如何逐渐建立起自己的新生活的。讲台上有两把舒适的扶手椅，一把给演讲者，一把给组织的代表。互助会的成员提问，遗孀回答。这是一个有趣的夜晚，但让我惊讶的是，这个女人失去丈夫已经整整10年了。我想，哀悼的时间真是长得可怕啊。

我们中的一些人因亲人离世而悲伤的时间比别人长，每个人都需要时间让那些回忆碎片重新归位并形成新的画面。语言就是其中之一：我要学的第一件事就是要用正确的时态。当我提到艾尔夫的时候，必须得使用过去时态，而不是现在时态。一开始，对我而言这完全做不到，因为他还在那里，就在我周围。我也花了一些时间来弄清楚什么时候用“我们”，什么时候要用人称代词更合适。我觉得最难的是讲出我公司的名字“龙 & 奥尔森”，当我遇到新客户时，我必须准备好解释“奥尔森”指的是谁。有一段时间，我甚至考虑更改公司的名称，以避免自己陷入一个困难的境地。我的专业精神要求我表现得不再难过，而事实上，我的内心仍像乘着一艘破败的、漂摇的橡皮艇在悲伤的大海中流浪。

悲伤就像一个严厉的监工，一个人什么时候才真正停止哀悼？要花多少个小时？

收集一个人的感觉

要了解你的蘑菇，必须训练所有的感官，尤其是你的嗅觉，以便吸收必要的信息来确定蘑菇的种类。这对我来说很困难，我不仅是一个新手，我的感官还被悲伤麻木了。是不是我对蘑菇知识的吸收和学习可以重新激活感官而帮助我加速回归生活呢？重新开始感知世界就像从百年的睡眠中醒来一样。当我被迫以不同的方式调动全身感官时，我逐渐停止从外部看待自己独自一人的境况，慢慢地开始掌握自己的生活。也许这恰恰说明了我的两场人生之旅——不由自主地走进悲伤的迷宫和完全自愿地闯入蘑菇的领地，此时已经多么紧密地联系在了一起。

难以言说

在谷歌上输入“蘑菇”这个词，你会立刻被大量网页轰炸，这些页面不是关于如何食用蘑菇的，而是关于致幻蘑菇（也称迷幻蘑菇、神菇或圣菇）的信息。具有致幻剂特性的蘑菇是蘑菇爱好者在网络上最感兴趣的话题。人们普遍认为，维京狂战士[①]与食用某些蘑菇有很大关系。另一个广为流传的传说是，萨米人的巫师经常喝食用过毒蝇鹅膏的驯鹿的尿液。虽然驯鹿尿液确实是萨米巫师使用的药物，但我觉得没有任何证据可以证明这些北欧海盗或萨米人吃了致幻蘑菇。许多人——包括我自己在内——实际上都对没有正经的研究去验证这些奇怪的谣言感到非常失望。

当我们还是学生的时候，艾尔夫有一个朋友，不顾一切地抽能抽到的烟，希望能抽得飘飘欲仙。他的梦想就是找到致幻蘑菇，一天到晚在讲这个话题。但是我觉得他除了自己种植了一些“特殊”的烟草植物之外，没有更多的经历了。而那时候我还从未见过致幻蘑菇。

① 以战斗中的凶猛著称，有时会变得狂暴并不顾一切危险进行近乎野蛮的攻击。

不能命名的蘑菇

几个世纪以来，人们一直着迷于裸盖菇的独特特性。当民族真菌学[1]之父罗伯特·戈登·沃森（Robert Gordon Wasson）在20世纪50年代访问墨西哥时，被告知该国大约有50种不同的裸盖菇。当地人常常在宗教仪式上使用这些蘑菇，据说这些神圣的墨西哥蘑菇能“把你带到上帝所在的地方”。

当我作为一个新手进入这个领域几年后，在准备参加蘑菇检测员考试的过程中，不仅阅读了规定的资料，还将能搜罗到的关于蘑菇和真菌的所有其他书籍读了个遍。我在一大堆书中翻了一圈之后，突然在一本野外指南上看到一张裸盖菇的照片。这是我多年来第一次看到裸盖菇，出于某种原因，我从来没有把裸盖菇和对采蘑菇的兴趣联系在一起，所以有点吃惊。

让我惊讶的是，照片中的蘑菇看起来那么小，那么不起眼。这种传说中的蘑菇看起来很普通，也不怎么令人兴奋——很难想象它有什么“魔力”。我突然意识到，到目前为止，我读过的关于蘑菇的书中没有一本有裸盖菇的图片。这很奇怪，我又翻阅了一遍所有的书，这次我检查了每本书的索引，专门寻找裸盖菇的条目。有的作者写了一两行关于半裸盖菇（*Psilocybe semilanceata*）的内容，我之前看的时候确实错过了，但我没有找到任何关于裸盖菇的插图。这是怎么回事？

当你考虑到网上人们对致幻蘑菇的巨大兴趣时，野外指南中所

① 研究各社会中对致幻蘑菇及其他真菌的使用。

表现出的这种沉默无疑是一种巨大的反差。当然，这可能只是巧合，我看的书没有给裸盖菇留出空间。我通常不喜欢阴谋论，但如果这就是阴谋论呢？蘑菇爱好者和野外指南作者之间是否会达成某种默契，将裸盖菇的信息保密？是否有人有意阻止人们学习如何正确识别裸盖菇？这种令人发指的想法充满了阴谋和共谋的味道。

我把我的理论告诉了协会一位资深成员，他非常坚定地向我保证，绝对没有任何形式的正式或非正式的协议来隐瞒信息。但当我问他协会里是否有我可以采访的人，以便了解更多关于裸盖菇的信息时，他看起来非常震惊，我意识到自己触及了他的神经。"你知道吗，"他反驳道，"如果你吃了裸盖菇，就有可能陷入昏迷，永远都不会醒过来。"

这种反应似乎有点不正常，这让我提防起来。毫无疑问，就整个社会而言，裸盖菇是一种禁忌，但仅仅表现出对这个物种的兴趣竟然也使得真菌学协会产生这样强烈的反应。也许我太天真了，但我原以为作为协会的一位资深成员，他会提供更多真实的信息，少些感情用事。但他用一些信息来搪塞我，这些信息显然只有一个目的：把我的兴趣扼杀在萌芽状态。说实话，这只会让我更加好奇。

我决定从其他人那里找到更多消息来源。在裸盖菇的问题上，有没有人是中立的，不打算隐藏事实；还是这个有争议的话题把蘑菇世界分成了两个阵营：裸盖菇的朋友或敌人，每个阵营都有自己的真相版本？

我费了好大的周章才找到一个愿意和我谈论裸盖菇的人，经过几次尝试，时机终于成熟了，便安排了初次见面。

我在约定的时间到达奥斯陆市中心的圣奥拉夫广场，感觉有点紧张。我在那里要见的人是N。我并不认识这个人，是一位共同的熟人和他取得联系的。我在咖啡馆的大窗户旁坐下，看着外面走过的人们。是他吗？那个下唇叼着烟蒂，胳膊下夹着报纸，步履蹒跚地走过来的人？还是那个鬓角略微发白，长相不错的中年绅士？或者那个穿着大衣，在大白天漫步，显然不着急的家伙呢？他显然不是要去工作。我几乎可以想象他在城市的墓地里爬行，寻找裸盖菇。我不知道N看起来怎么样，也不知道他多大年纪。我在离家前查了他的手机号码，结果出现了一个完全不同的名字。N是化名吗？随后窗外又出现了其他几个可能的候选人，但他们似乎都没有特别在找人。约定时间过后五分钟，我决定给他打电话。当我按下手机上的"呼叫"按钮时，坐在我旁边的年轻人的手机开始发出巨响：他的铃声是警笛声。原来N一直在，那么近，又那么远。

我们略带犹豫地打了个招呼。我很惊讶他这么年轻，身材苗条，皮肤光滑。他的头发乱蓬蓬的，但我想，也许现在流行这样的发型。从风格上看，他的发型和装束很相配：他穿着一件旧的皮夹克，破破烂烂的，上面钉满了纽扣，紧身的黑色牛仔裤低垂在瘦削的臀部。N是一个经常食用裸盖菇的人。他说话轻声细语，显得有些腼腆，难道食用致幻蘑菇会让人变得内向吗？

我感谢他同意和我谈话，并说我想听听他食用裸盖菇的经历。作为一名人类学家，我习惯了哄别人说话，根据N的说法，一次食用2~3个蘑菇是合适的剂量。他把声音放得更低了，并告诉我，在来见我之前，他实际上刚好吃了几个。我很想知道他多久吃一次。他说大约每个月一次。这让我很惊讶，我原以为会更频繁。我们是下午两点见面的，所以N跟我说话的时候可能还很兴奋，但他看起来头脑很清醒。

霍兰德教授对裸盖菇素的观点

我很高兴地发现克劳斯·霍兰德教授专门写过关于裸盖菇的科学文章。曾经在奥斯陆大学生物科学系召开的一次会议的茶歇中，我和他谈过毒蘑菇的话题。

霍兰德教授一开始就强调裸盖菇不会让人上瘾，它们也不是毒性最大的蘑菇。当我提到最近有人告诉我若是吃了裸盖菇会陷入永久性昏迷时，他笑了起来。

“真有人这么说？”他笑着问。

霍兰德接着告诉我，让裸盖菇如此有争议的是它强大的致幻作用。脱磷酸光盖伞素和裸盖菇素这两种物质在结构和效果上都与LSD[①]相似，正是这些物质使裸盖菇具有精神活性。它们会对人体中枢神经系统产生直接影响，也会影响使用者的精神运动反应。即使在刺激消失后很长一段时间各种感觉印象可能仍然存在，人会变得混乱，对光、声音和气味的感知可能与正常人不同。大脑的功能发生改变，这会导致感觉、情绪、意识或行为上的暂时变化。直到毒素排出体外，这种影响才会消失，但关于这些物质如何影响大脑和人精神状态，仍有许多需要学习的东西。然而，毫无疑问，这种影响是相当有效的。

在世界范围内，大约有200种蘑菇含有脱磷酸光盖伞素和裸盖菇

① 麦角酸二乙酰胺的缩写，是一种强烈的半人工致幻剂。

素，其中大部分属于裸盖菇属。这个属下的蘑菇绝大多数体积都很小，属于腐生菌，生长在有机物的残骸上，如粪肥、腐烂的木材和植物、腐殖质和苔藓。潮湿的田野和马术学校的操场是裸盖菇经常出现的场所。

“在奥斯陆格伦兰德公园的监狱旁边就有致幻蘑菇。”这是我在寻找可靠消息来源时听到的一句话，尽管这可能更多只是反映了囚犯们的梦想，而不是实际情况，我也从来没有亲身验证过这是不是真的。

是公正的信息还是致幻的魔药？

在挪威，裸盖菇素是大多数追求致幻作用的蘑菇爱好者的首选。挪威麻醉品管理法提到了这一点，根据该法律，“非法制造、进口、出口、获取、储存、贩运或分发法律视为麻醉品的物质的人将根据《管制药物和物质法》受到指控并承担责任，被处以罚款或两年以下监禁”。

真菌学会的目的是推广蘑菇和真菌的知识，但在裸盖菇的问题上有着意见分歧。一方面，霍兰德教授和其他真菌学专家多年来为挪威真菌学协会的杂志撰写了关于裸盖菇和其他相关物种的各种文章。在我参加的一年一度的全国蘑菇节上，霍兰德教授就裸盖菇的致幻作用发表了演讲。另一方面，我看到了当地协会的资深爱好者在我开始问太多问题的时候就顾左右而言他的样子。

人们可以看到，对法律后果的恐惧是如何推动真菌学协会的这些元老们对该问题保持沉默，并希望任何一丝好奇都会因缺乏可靠信息而被扼杀。但是这种将自己与蘑菇分离并表达自己厌恶的策略也必须在更广泛的文化背景下加以看待。这似乎与挪威酒类和毒品政策背后的核心理念相关联，即保护人们免受自身伤害。当局要么宣布致瘾物质非法，要么通过设定购买和消费的年龄限制，并设立国家控制的销售网点，努力限制其潜在损害。

当我初到挪威时，挪威政府打击酗酒的措施令我感到震惊。在挪威，无论任何年纪的公民，都无法随意在一天的任何时间买酒。这样做的目的是杜绝那些爱好和平的人在酒精的驱动下胡作非为。我在一个对酒精有着完全不同态度的国家长大，我知道这种假设更多的是基于文化条件的推理和后天的反应。

就裸盖菇而言，一些人认为关于它的任何信息最终都会变成煽动同胞沉迷于犯罪和大规模吸毒的工具。因此，有关裸盖菇素的信息被隐藏了起来，这一策略会立即让人联想到焚书的场景。它还提醒人们注意某些保守和宗教组织对性和避孕教育的反对，他们的理由是这些信息只会鼓励更多的年轻人发生性行为。这些组织希望通过消除清晰、透明的信息，再加上对怀孕的恐惧，可以防止年轻人做出不适当的行为。

关于裸盖菇的信息也常常被认为不应该在专门介绍蘑菇的社交媒体网站上出现。最近，有人上传了一张小蘑菇的照片，请求别人帮助辨认，但人们却试图淡化它，以抑制任何潜在的不健康的兴趣。

下面是一个摘录：

> “你不需要知道这种蘑菇，它太小了，不能吃。”
>
> “但是我们可以自由地学习我们喜欢的蘑菇，不是吗？”
>
> “是的，但我怀疑这是被禁止的一种蘑菇。”
>
> “你说的是致幻蘑菇吗？”

“别在这里回答这样的问题。”

最后有一篇评论写道，照片中的真菌可能是一种常见的黄褐疣孢斑褶菇（*Panaeolina foenisecii*），是一种不含有任何精神活性物质的蘑菇。这样就结束了一个相当典型的讨论。很明显，很多人都觉得裸盖菇有些不雅，这种蘑菇太危险了，连名字都不能提。阻止人们尝试致幻蘑菇被视为如此崇高的目标，以至于没有人质疑什么是社会控制，什么是对言论自由的限制。

对蘑菇感兴趣的人想知道裸盖菇真的不奇怪，毕竟它是大多数人都听说过的一种野生蘑菇，就像鸡油菌一样。在我看来，蘑菇协会应该用一种更明智和公正的方式提供关于裸盖菇的信息并回答问题。

裸盖菇有多危险？根据挪威卫生当局提供的信息，没有任何直接证据表明摄入裸盖菇会对身体产生有害影响，但使用者可能会因蘑菇中的致幻物质而产生一些不良的心理影响。食用致幻蘑菇所引起的幻觉非常可怕，因为个人可以体验到惊人的“视觉效果”和被改变的现实感。这会导致恐慌症发作并激活潜在的精神障碍。之后的一段时间内，食用者可能会对致幻经历的记忆进行闪回，这可能会导致严重的焦虑感。这些闪回是由于裸盖菇素是脂溶性的，可以储存在大脑的脂肪组织中。在吃了它很久之后，大脑依旧可以被触发致幻之旅，从而让使用者处于潜在的危险境地。其他可能的负面影响还包括恐惧、焦虑、头痛、困惑、恶心、肠胃不适、头晕和认知分裂。癫痫等病症会因裸盖菇导致的致幻经历而恶化，致幻经历也可能诱发精神疾病。将酒精和致幻蘑菇混合食用也是不明智的。所以，总而言之，服用致幻蘑菇是一项冒险行为。

然而，霍兰德教授也认为，对裸盖菇素的作用进行客观评价也很重要。正如他所解释的，世界上最危险的毒品是酒精，其次是海洛因，裸盖菇素蘑菇和 LSD 可以一起排在最后。我记得当我还是个年轻的学生，第一次从马来西亚来到挪威时，在一个普通的周五晚上，看到醉醺醺的挪威人在街上摇摇晃晃地走着，我是多么震惊。我花了很长时间才学会挪威语中关于不同程度醉酒的词语。在马来西亚则不然，你要么喝醉了，要么清醒着。有趣又奇怪的是，酒精是一种社会认可的兴奋剂，而裸盖菇被列为 A 类毒品。为什么会这样，当然，这是另一个问题了。

致幻之旅

在吃下致幻蘑菇后身体究竟发生了什么呢？根据挪威公共卫生研究所的说法，活性成分裸盖菇素在新鲜食用、干燥食用，与食物或饮料混合食用时均可以发挥作用，它甚至可以从致幻蘑菇中提取。使用者会产生高度清晰的感觉，感官意识也会提高。眼中事物的形状或颜色会改变，周围变成一个奇怪又奇妙的世界。对时间的感知会被削弱，使用者可能会有这样的印象：他们和周围环境之间的障碍消失了，创造出一种“与一切融为一体”的状态。这种与所有生命体、动植物融为一体的感觉，是文学作品中经常描述的一种现象。

裸盖菇在当地社会引发了如此负面的反应，以至于我想问一下进入迷幻状态是什么感受，都被认为违反了规则。这就是从政治上打压不正确的想法成为常态时会发生的情况。我抓住机会再次给 N 打了电话。

“服用致幻蘑菇到底有什么好的？”我问了N。他形容“很舒服”。用他的话来说，“有点像用羽毛挠痒痒，这种美妙的感觉会持续一整天”。根据N丰富的经验，致幻蘑菇比其他药物更有“母亲般的感觉”。我请他详细说明。他首先说，试图用语言描述这种体验是没有意义的，因为它“与我们所知的世界完全不同”，主要的感觉产生了交互。

另一个消息来源于G，他告诉我有一次他吃了致幻蘑菇，然后坐在山上眺望奥斯陆。他觉得城市是他的一部分，他也是城市中的一部分。他看到的那些高大的古树可能已经存在一百年甚至更长时间。他的祖父，甚至他的曾祖父，可能也认识这些树，也许他自己的孩子、孙子，或曾孙也会看到它们。他说，这一切太美妙了，纯粹是精神层面的。G告诉我他吃了致幻蘑菇后仿佛变成了一个孩子。他问我是否记得小时候看魔术师从礼帽下变出一只兔子是什么感觉。太神奇了！这就是进入迷幻状态的感觉。但是，他急忙补充说：食用者也可能体验到不那么令人愉快的效果。不过，你必须记住，旅行结束后任何不良反应都会消失。

“服用致幻蘑菇不会让你发疯，但你在兴奋时大脑里挖出的东西可能会让你发疯。”G微笑着说，“例如，如果你问自己，你是一个怎样的母亲，你可能会得到一个不喜欢的答案。”

N告诉我，食用致幻蘑菇时产生的兴奋让他对周围的世界有了更深刻的理解，他得到了对世界“毫无滤镜”的看法。

它不会给你任何答案，但能帮助你更清楚地看待这个世界。他接着说，他喜欢吃致幻蘑菇，因为从正常状态到兴奋状态的转变是循序渐进的，而且他实际上能“看到”它的发生。根据N的说法，致幻蘑菇打开了“内心的一个极富创造性的领域”。这只是一种整体性的实际体验，瑜伽、冥想和舞蹈也可以作为通往这个创造性领域的途径，但那一般需要更长的时间。他一定是在谈论我从未尝试过的不同形式的瑜伽、冥想或舞蹈，我心想。N形容致幻的兴奋就像“乘风破浪”。他说，随着他的经验越来越丰富，他也越来越善于“再次寻找海浪”。他补充说，时间会变得“有弹性”。我问他那是什么意思。他告诉我，他有更多的时间来思考事情，因为他的大脑“扩展”了，“故事变得更宏大了”。我发现这个概念很难理解。他试图用致幻音乐作为例子来解释这一点：当你没有服用致幻蘑菇时听它，节奏会显得非常快。但如果你吃了蘑菇，音乐就不会那么快了，因为你是从“内心的角度”来看待它的。时间越长，你就越能洞悉故事的方方面面。N说他发现吃了致幻蘑菇后自己做决定更容易了，因为他看到了需要做出的选择中更微妙的方面，那些是他以前可能没有意识到的细微差别。

我读过一篇对使用者的采访，他说这段经历使他成为了一个更好的人。看来，一次致幻之旅似乎并不仅被看作一种短暂的幻想或休闲娱乐，而是一扇通向深刻体验的大门，有些人觉得这有助于他们个人成长。N也证实了这一点，他说致幻蘑菇使他对其他人更具同情心。裸盖菇素能帮助他听到别人在说什么，使他更生动地感受到他人的情感细微差别。

N告诉我，和一群人一起食用致幻蘑菇很有趣：因为他们可以通过心灵感应进行交流，几乎不需要语言的交谈。G还告诉我他是如何和那些服用致幻蘑菇的人变得亲近的。据他说，应该有一个人充当这次旅行的“守护者”，这个人不服用蘑菇，不会兴奋，能保持头脑清醒并照顾好旅行团的其他成员。

N 最近听说了松露猎犬，他问我他能否把他的狗训练成一只“致幻蘑菇猎犬”。在这一点上我没有什么有用的建议，但似乎 N 和他的朋友们在没有四条腿的朋友的帮助下，已经设法弄到了足够多的裸盖菇。

“致幻”是一个用来描述致幻蘑菇场景的词，这个词让我联想到 20 世纪 60 年代的嬉皮士运动。我查了一下，发现迷幻药物是致幻剂的一个子类。致幻剂的其他亚类药物，如鸦片类药物，会根据大脑以前知道的东西产生幻觉，而迷幻药物则会导致意识状态的改变，因此有了“精神弯曲”这个词。“迷幻”这个词来源于希腊语单词 psukhē 和 dēlos，前者的意思是“思想”或“灵魂”，后者的意思是“显化”或“清楚”。因此，迷幻体验可以被描述为“灵魂的表现”。N 和那些他的致幻蘑菇爱好者对艺术和音乐有着共同的兴趣。迷幻艺术和迷幻摇滚乐试图通过生动的、万花筒般的图像、超现实的视觉和声音效果以及动画（如卡通）来传达意识的改变。我突然意识到，这不就是嬉皮风格 T 恤上那些奇怪的、旋转的、五颜六色的图案么！我曾经认为那只是单纯的设计。

午饭后，我们走到外面，以便让 N 抽支烟。我注意到他在吸有机烟草。他告诉我，他是个素食主义者，他和他的朋友们都处于“最佳健康状态”。显然，他对最佳健康的定义还包括摄入野生蘑菇，还有什么比这更自然和健康的呢？

“你是怎么食用致幻蘑菇的？”我问道。N 告诉我他先泡好甘菊茶，再加入致幻蘑菇和蜂蜜。这是像N这样的人最喜欢的一种方法，他们不想太“像个该死的瘾君子”。加蜂蜜的茶听起来确实有益健康。

我问N，他服用致幻蘑菇是否有过不愉快的经历。他说没有，但不停地指出，必须把剂量控制在10个以下。他补充说，虽然吃60到100个蘑菇，甚至超过100个蘑菇都是“有趣的”，但也可能是“有挑战性的”。他通常的剂量是一两个蘑菇。如果服用超过这个量，比如说3~5个，就会发现自己的听力变得更敏锐，而且会获得更大的“能量刺激”。然而，他再次强调了将剂量控制在10个以下的重要性，他说，超过10个，你会开始“颤抖”，尽管我不太清楚他说的是什么意思。

在互联网上众多的蘑菇网站中，一位更有经验的致幻蘑菇食用者描述了迷幻之旅中的不同等级，具体如下：

> 第1级：轻微的石化效果和一些视觉增强（更明亮的颜色、强烈的对比），一些短期记忆异常。
>
> 第2级：明亮的颜色，视觉效果（物体开始移动和呼吸等），闭上眼睛时可能出现二维图案。短期记忆的变化导致持续的思维分散。当大脑的自然过滤器被绕过（跳出思维框架）时，创造力巨幅增长。
>
> 第3级：非常明显的视觉效果，所有的东西看起来都是弯曲和/或扭曲的，可以在墙上和其他表面看到万花筒般的图案。一些轻微的幻觉，如河流在木纹表面流动。闭眼的幻觉变成了三维的，出现通感（感觉混乱），可以品尝颜色、闻声音等。能感受到时间的扭曲和永恒的瞬间。

第 4 级：强烈的幻觉，即物体变形成其他物体。自我的毁灭或多重分裂（事物开始与你交谈或你发现自己同时感知到自相矛盾的事物）。失去了现实感，时间变得毫无意义。可能有灵魂出窍的体验（从外面看你自己）和超感觉的知觉现象。感觉不仅混乱，而且融合在一起。

第 5 级：完全失去与现实的视觉联系，感官停止正常运作，完全丧失自我，与空间、其他物体、宇宙融为一体。现实的丧失变得如此严重以至于无法解释。在感知和思维模式层面可以用来描述之前的级别，但在这一级别已经不奏效，通常被感知到的实际宇宙不再存在！或相反。

从 N 描述的方式来看，他食用的蘑菇不超过 10 个就可以让自己达到致幻蘑菇“旅行手册”中描述的等级 2 或 3 的体验。

对于经常食用者来说，主要的挑战之一是剂量，因为精神活性元素的浓度在不同的蘑菇、不同的地区之间有很大的差异。所以一种致幻蘑菇的使用剂量不一定等同于另一种致幻蘑菇的使用剂量。有些人用蘑菇的数量作为衡量标准，而另一些人则以重量来衡量，以克或盎司为单位，但这仍然无法完全解决功效差异的问题。蘑菇的重量不一定代表它的效力。关于初次体验的人剂量应该有多大，众说纷纭。在这方面，N 会显得相当谨慎和保守。他也很清楚不同种蘑菇之间功效不同的问题，因此他在每个蘑菇季都会回到一两个特定的地点收集他的裸盖菇，尽管我不认为这有什么帮助，因为即使是并排生长的两个蘑菇，它们的效力也可能会有很大的不同。有一位在自己家中里种植古巴裸盖菇（*Psilocybe cubensis*）的人很乐意分享他关于这个问题的解决方案：一次收获所有蘑菇，然后晾干，磨成粉来用，而不是整只吃掉。这样各种蘑菇的功效就能平均分布。

另一个挑战是与之共同生长的更危险的有毒蘑菇，致幻蘑菇旁边经常同时生长一些其他蘑菇，比如变红丝盖伞（*Inocybe erubescens*）。它含有毒蕈碱，能导致中枢神经系统发生紊乱。这些蘑菇与裸盖菇的共同点是它们体形都很小，有尖顶。N 知道这些蘑菇的存在，并说幸运的是自己从来没有吃错蘑菇。但可以想象，不是所有人都能拥有这份幸运。

我偶然发现了克劳斯·霍兰德教授写的一篇文章。他在文章中说："直到 1977 年，裸盖菇只是野外指南中提到的许多匿名小真菌中的一种。由于体积不大，它的食用性从未被检查过。但是在 1977 年之后，裸盖菇的致幻特性开始为挪威公众所知，新闻界对其大肆报道，小报头条上写着'挪威发现的毒蘑菇'和'迷幻比萨'。"

所以这不仅仅是我的想象。我对最近的挪威野外指南中通通没有提到裸盖菇的默契的怀疑可以追溯到霍兰德教授提到的那些小报头条。在蘑菇爱好者的圈子中，大家都推崇最好不要参考旧的野外指南，因为新的研究结果经常会更新一些真菌的信息。但就裸盖菇而言，任何有兴趣学习如何识别它的人只能在二手书店找到想要的东西。

霍兰德教授还担任挪威国家刑事调查局（KRIPOS）蘑菇和真菌方面的顾问，这意味着他可以监控被警方查获的蘑菇种类的变化。近年来，警方的扣押记录显示，外国蘑菇现在正设法进入挪威，这可能是因为有人想购买古巴裸盖菇和暗蓝斑褶菇（*Panaeolus cyanescens*）的孢子在国内种植。2011 年，也就是蘑菇被列入警方扣押记录的最后一年，警方查获了 2.2 公斤裸盖菇（相比之下，缴获的大麻为 2976 公斤）。2014 年，两人被捕，被控生产和持有 100~150 克致幻蘑菇（未指明种类）。无论如何，这些数据表明，裸盖菇素可能不是挪威最常用的药物。记录还显示，真菌领域对裸盖菇绝口不提的策略并没有起到明显的功效，想要了解并找到致幻蘑菇的人总是能找到有效的办法。

为了防止事故发生或任何人因误采而受到伤害，首先需要的是清晰、可靠的信息，而不是沉默和否认。同时，那些想通过故意摄入迷幻蘑菇来获得兴奋和迷幻体验的人，注定能找到方法。他们会在墓地的树篱或路边和草地上寻寻觅觅，然后通过反复试验来计算剂量。如果他们有任何疑问，可以求助在线资源，如 Norwegian Freak 论坛或 Erowid 网站。

20 世纪 60 年代，当嬉皮士反主流文化在许多西方国家的大学校园里达到顶峰时，特伦斯·麦肯纳（Terence McKenna）和他的兄弟丹尼斯·麦肯纳（Dennis McKenna）因他们出版的《裸盖菇：致幻蘑菇种植者指南》（*Psilocybin: Magic Mushroom Grower's Guide*）而闻名。根据麦肯纳兄弟的说法，古巴裸盖菇是一种特别容易生长的物种。但所有这一切在 1968 年突然停止，脱磷酸光盖伞素和裸盖菇素被归入海洛因和可卡因的同一类别，并在美国被宣布为非法。与此同时，哈佛大学和其他几所大学正在进行的精神活性物质的研究也中断了。

有趣的是，在挪威科技大学的神经医学和运动科学研究所，对脱磷酸光盖伞素和裸盖菇素的研究又回到了学术议程中。2008 年，英国医学杂志《柳叶刀》发表了一篇题为“迷幻药研究进入主流”的文章。目前对裸盖菇的研究已经从禁止食用前的研究中恢复过来，并集中在更实际的医学用途上。例如，作为戒烟的辅助，以及对抗抑郁症、创伤后应激障碍、酒精中毒、偏头痛和癌症晚期患者对死亡的恐惧。

尽管真菌学会与学术界有着密切的联系，但我仍然怀疑，这项新研究不太可能得到其有影响力的资深成员的认可。

从开胃菜到甜点

我周围都是艾尔夫生命的痕迹。自从我把艾尔夫的书从书柜里拿出来以后，再看这个书柜就觉得很奇怪。我从来没有想过书柜可能成为婚姻的象征，但突然发现我们的书柜就是如此，我们把各自长期阅读、收集的书籍混放在书架上，没有“我的书”和“他的书”的区分。它们并不是按顺序排列的，有些书只有我们中的一人读过，有些则两人都读过。还有一些，我记得，我们会在同一时间阅读，然后会为该轮到谁读而争吵，其中包括艾萨克·巴什维斯·辛格（Isaac Bashevis Singer）的一些作品。辛格写的是第一次世界大战前的一个讲意第绪语的东欧犹太人村庄的生活。他的作品主要关注生活和人的经历，描写日常困境和普通人的故事。辛格很会讲故事，他的书值得反复阅读。我保留了一些艾尔夫的书，其余的我知道自己永远也不会再读。他读了很多书，包括虚构和非虚构作品，尤其是战争方面的书，只有像他这样的和平主义者才会觉得有趣。但是，几乎没有什么东西是他不感兴趣的。他常说他的墓志铭应该是“这里有大量的学分”。那是他典型的说话方式，我总是忘记笑话中的妙语，所以他可以一遍又一遍地讲同一个笑话，旧笑话又成了新笑话。即使在一起多年之后，这样的事情依旧让生活保持有趣。他在床头柜上留下了一大堆想读的书：这足以表明他并没有想到自己会这么快就死去。我一本一本地翻阅，尽可能坦率地问自己：我会读吗？于是我把大部分都给了别人。

读书就像在一个陌生的国家散步。一想到艾尔夫从来没有读过，没有走过，也没有机会告诉我的那些书、那些路，我就很伤心。

计算损失

什么东西没了？这是很难计算的，即使是诺贝尔数学奖[①]得主也很难得出这个问题的答案。当两个人决定住在一起时，他们创造的东西就超过了各自所创造的总和。当其中一人去世时，这对夫妇的独特之处就不复存在了，但留下的那一方的生活仍将继续。当生活和身份如此紧密地交织在一起时，失去亲人的伴侣可能会感觉自己像一个影子。我们是那些为找到灵魂伴侣而付出代价的人。事实上，我们就是那群把这种归属感烙在身上的人。

根据人们某种奇怪的价值判断，失去的东西总比剩下的东西更有价值。当艾尔夫死后，共同记忆的共同管理也消失了，所有的责任都落在我的肩上。如果我也忘了，我们在一起的时光就会彻底消失。我们对未来的梦想已不复存在，我们创造的共同空间，那个可以做彼此最好朋友、做最彻底的自己的空间，也化为了乌有。

在艾尔夫从小成长的家庭中，一周中每日的晚餐安排是可以预见

---

① 诺贝尔奖中没有数学奖，这是作者故意如此写的。

的。每周一他们吃的是 A 菜，周二是 B 菜，时间的流逝和一周中的每一天都以晚餐为标志。在他成长的过程中，周围的许多家庭都是这样。进餐不是奢侈的享受或大胆的试验，而仅仅是关于吃饭和清理。一旦桌子擦干净、碗洗干净了，爸爸妈妈终于可以把脚搁在电视机前了。

我的公公婆婆来自农场，但他们接受了现代生活，尤其是新的冷冻食品和即食食品。也许正是因为如此，再加上对新口味的渴望，艾尔夫喜欢上了马来西亚美食。在马来西亚，当人们吃一顿饭的时候，他们已经开始计划下一顿饭。他们会兴高采烈地绕道走很长一段路，只为了吃一顿美味的晚饭。每个马来西亚人心中都有一幅与他们所熟知的菜肴相关联的地图。艾尔夫一直在考虑写一本烹饪书，并把它叫作《我岳母的厨房》。我怀疑斯塔万格的人把这本书买回家也不会去看，因为那里没有人吃鸡肉或蘑菇。小时候，艾尔夫第一次吃菠萝是在别人家的一块蛋糕里，他当场吐了。但他和我一起踏上了一段美食之旅，来到了菠萝真正生长的地方。艾尔夫喜欢给他的家人讲这些经历，比如舔红烧鸡爪，吮吸蒸鱼眼睛，在遥远的地方品尝异国情调。早在混搭食谱成为时尚之前，我们的厨房就有了东方与西方的交融。艾尔夫说得很好：要是想吃挪威菜，回到爸妈家就可以了。

冰箱是我们共同生活的另一个提醒。就像所有的家庭一样，我们在饮食上也能适应彼此的口味。这么多年来，我们更多倾向于吃两人都喜欢的东西，任何一人不能忍受的食材都会被从厨房赶出去。艾尔夫不像我那么喜欢茄子和鹰嘴豆，他也不喜欢洋蓟。在家里不用这些食材，对我来说从来都不是一种牺牲。这就是我们抚平关系中最粗糙的边缘的方式。然而，当我发现自己不再需要考虑艾尔夫喜欢或不喜欢吃什么的时候，我还是感到惊讶，因为我从来没有意识到想吃什么就吃什么的自由。

艾尔夫去世后，我瘦了很多。吃饭时间来了又去，但我并不饿。我近乎戒掉了吃饭的习惯。我曾是一名足够自信的厨师，当我请人吃饭时，敢于尝试新的食谱，但现在做饭已经成了一件苦差事，还是不吃东西更省事。当然，这不仅是因为我缺乏食欲，更重要的是，我失去了对生活的渴望。

以前，我为自己下班回家后很快就能做出一顿美味的饭菜而感到自豪。我和艾尔夫在厨房里是很好的搭档，一起愉快地做饭。经过多年的磨合，我们默契地划分了自己特定的任务分工和责任范围，可以共同完成任务。但是烹饪的乐趣有一半在于一起寻找最优质的原料，更重要的是，和你愿意与之共同被困荒岛的人一起吃饭、计划一顿饭也会让人因期待而产生兴奋感并加大食欲。在周末，我们有更多的时间设计精致的晚餐，邀请各路朋友来一起进餐。我相信这是我们身上的标签之一。但现在，我几乎不得不强迫自己吃东西，只是为了获得必需的营养。那天晚上，当我发现自己坐在电视机前，机械而冷漠地大口大口吃着罐头里直接拿来的番茄酱鲭鱼时，我的情绪跌到了谷底。

我喜欢蘑菇的一个主要原因是我喜欢吃它们。我一直认为蘑菇味道很好，许多种类都有自己独特的味道，不像任何其他食材。有些可能是非常微妙的，有些又很特殊，只有一小部分人喜欢。我很早就知道需要把不同种类的蘑菇分开煎，这样你就能找出最喜欢的。因为蘑菇的味道并不一样，它们也不像葡萄酒鉴赏家所说的那样只有泥土、树叶和苔藓的味道。我惊讶地发现，不同种类的蘑菇在烹调时都有各自不同的特点：口蘑可以保持它的形状，变得有弹性，变形疣柄牛肝菌光滑多汁，而毛头鬼伞（*Coprinus comatus*）则很细腻、轻盈，如丝般柔软。

即使你发现的蘑菇碰巧是五星级的食用菌，但这并不意味着它最终应该进入煎锅。一些食用菌也可能因为太老或被虫蛀了而无法食用。我最近花了很多时间和一个热心的新手在一起，我惊讶地发现他很不情愿扔掉腐烂的蘑菇，似乎不认为它们已经不能食用了。蘑菇采集者在怎样的蘑菇应该被扔掉的问题上往往有分歧：有些人不介意一些小虫子，他们会拿它们提供的额外蛋白质开玩笑；而另一些人则更挑剔。蘑菇采集者的"虫限"是指在他们认为蘑菇适合食用之前，会将其切掉多少。当我的新手朋友发现一个可食用的蘑菇时，他非常高兴，无论它有多老、有多少虫，他都愿意把它吃下去。我不太确定这么做是不是对的，但我不认为我在初学者时期如此没有鉴别力，尽管这些年来我也变得越来越挑剔了。以前我更在意的是不要丢弃可食用的蘑菇，而如今我知道我总会找到其他品相更好的蘑菇，所以我会无情地切掉蘑菇不可食用的部分。

在挪威，烹调蘑菇最常见的方法是加入黄油、盐和胡椒粉翻炒。把煎锅加热，加入一小块黄油，一旦黄油熔化，就把蘑菇放进去。我在蘑菇初学者课程中学到的第一件事就是把这个顺序反过来做：蘑菇应该先在一个干平底锅里用中火炒，当液体蒸发后，才添加黄油。蘑菇含有大量的水分，特别是在雨后采摘的蘑菇，所以先让液体蒸发，就可以防止蘑菇的水分在黄油里“沸腾”，这样味道会更浓郁。如果你想要更奢侈一些，可以在加盐和胡椒粉的同时加点培根、奶油或少量雪利酒。如果你有很多蘑菇，它们也是牛排的绝佳佐料。如果你只有几个，蘑菇烤面包是一种完美的小吃。我认为用这种方式烹制的蘑菇味道很好，但作为一个马来西亚人，我知道还有其他各种烹调蘑菇的方法，这些方法不需要黄油、奶油或雪利酒，因为这些配料在普通亚洲厨房中很少见。因此，我认为探索其他烹饪蘑菇的方法会很有趣。我对蘑菇只能作为晚餐配菜的标准观念有点怀疑，有没有什么方法可以让它们成为开胃菜、主菜，甚至甜点的主要原料？

汤

从头开始煮汤用不了多长时间，它基本可以自己完成。如果我有很多事情要做，通常会在早上准备第一阶段，在早餐粥前切一个洋葱和一两瓣大蒜并不花什么时间。这些东西加上蘑菇之后就是汤的底料。

我总是向那些只尝过袋装汤的人推荐用野生蘑菇做成的蘑菇汤。野生蘑菇和商店买来的蘑菇在味道上的差异是由于它们生长基质的不同。商店买来的蘑菇是用发酵的马粪和稻草混合种植的，所以不用说，它们的美味是有限度的。早在仲夏时节，野生蘑菇就开始在草坪上出现。这些草坪蘑菇味道鲜美，咬一小口就能让嘴里充满可爱的坚果味，你可以在下班回家的路上采摘。不必换上专门的采集装备，然后在森林里长途跋涉。在城市采集蘑菇是一个很好的计划，即使在漫长的干旱期，当森林里几乎没有蘑菇时，公园草坪和墓地旁的草地通常都有人定期浇灌，或者放置洒水器，这就保证或多或少可以摘到一些蘑菇。当然这也有一个先决条件，那就是你周围有适合蘑菇生长的公园或墓地。

从长满草的草坪上采摘蘑菇的难度在于避免误摘有毒的黄斑蘑菇（*Agaricus xanthodermus*），所以首先你必须学会识别它。在挪威首都最热闹的一次花园派对上，当人声鼎沸时，我的目光完全被另一幅画面吸引了：一个黄斑蘑菇！我并不是真的在找蘑菇，但这证明了我潜意识里这么做了。很可能就是在那一刻，我从一个业余蘑菇爱好者变成无可救药的蘑菇狂人。或者说这一切已经发生了？

根据挪威蘑菇指南的说法，白鲜菇（*Agaricus bernardii*）闻起来有菊苣、萝卜和鱼的刺鼻气味，尝起来略苦。这听起来不像是我想放进锅里的东西，但后来我发现美国人喜欢这种蘑菇，而且从来不在意它闻起来有鱼腥味。在那之后，我特意挑选了一些白鲜菇品尝，不得不说它们味道很好，尽管这种味道不能用挪威标准的“温和”来形容。但我会毫不犹豫地在一锅蘑菇汤里加点白鲜菇，让它变得更香。

用自家花园采摘的毛头鬼伞做一份蘑菇汤可不是一件容易的事情。毛头鬼伞是唯一一种采摘时必须直接放进塑料袋里的蘑菇。必须使它保持湿润，否则会加速它的“融化”，最后变成一团黑色的墨水。有一次我偶然发现了一大团毛茸茸的毛头鬼伞却没带塑料袋，我该怎么办？幸运的是当时我是和我的第一位蘑菇老师一起出门采摘，他摘了一些大叶子，大约一个餐盘大小，我们便把蘑菇包在这些叶子里。他还提醒我，毛头鬼伞绝不能与墨汁拟鬼伞（*Coprinopsis atramentaria*）混淆。墨汁拟鬼伞和双硫仑等抗酒精药物有类似的效果，如果与酒精混合，会引起恶心、呕吐等不良反应。

另一方面，毛头鬼伞是一种精致的蘑菇，值得被加入到精致的晚餐菜单中。炖汤时，用小火将毛头鬼伞在平底锅里带盖蒸，然后加入足够的鸡汤，最后再加一点苦艾酒。在吃之前，打一个蛋黄搅拌到汤里。如果你有腌熊韭芽或切好的南瓜丁，可以加一点提个味。

到了这个季节的晚些时候，就轮到鸡油菌汤了。在炒好的洋葱和大蒜底部加入鸡油菌，油炸之后加入足够的汤料，这样每个人都能吃上一大碗。小火煨一下汤，在上桌之前加少许奶油和雪利酒。由于鸡油菌的深褐色，这道汤看起来颜色比较暗，所以你可以试着加一点磨碎的胡萝卜来提亮它。如果喜欢更浓稠的汤，可以再加入一些蓝纹奶酪和雪利酒。

红扁豆和干蘑菇可以做成美味的汤。有一天，家里没有太多新鲜食材，我在橱柜的后面发现了一袋红色的小扁豆，于是就做了这个汤。同样，先从切碎的洋葱和大蒜做汤底开始。你只需要一把扁豆、一些干蘑菇和一个蔬菜高汤块。如果想要汤变得非常顺滑，要做的就是在汤煮好后用搅拌机搅拌，再加一团酸奶油和一些切碎的香草，就能得到一道既美味又营养丰富的简单菜肴。

香菇培根

做香菇培根，首先要把香菇在水中浸泡大约一个小时，然后把里面的水挤出，切成条状。将香菇条放入碗中，加入橄榄油和粗盐。把烤箱加热到 175℃，把香菇摊在烤盘上，烤一个小时。不时地搅拌香菇条，这样做可以强化香菇的味道，把它们变成小小的口味炸弹，这样的味道一定会大受欢迎。香菇培根可以就这样直接吃，也可以用在其他菜肴中，比如撒在汤里或沙拉上。

香菇在亚洲长期以来很受欢迎并被广泛种植。在中国、日本和韩国，从史前时代人们就知道和食用香菇。关于香菇在中国的栽培方法最早的记录出现在宋代（960—1279）。在亚洲，人们可以买到不同种类的干香菇：从最丰满的、最完美的整个香菇，到不均匀的切片，再到香菇粉末。在马来西亚，香菇并不是菜单上最便宜的菜品，事实上恰恰相反，它是高档餐厅里的一道菜肴。因此，当一道菜从厨房端上来的时候，通常会有一些关于香菇数量和大小的评论。如果招待你的主人特别慷慨，你可能得到额外一大份香菇。许多亚洲人也相信这种蘑菇对健康有很多好处，它被看作一种长生不老药，并且经常作为药物被用于治疗某些疾病。尽管所有的蘑菇在受到紫外线 B 段（UVB）照射时都能产生维生素 D，但与其他蘑菇相比，香菇产生的维生素 D 含量较高。如今，香菇不仅在亚洲种植，而且在巴西、俄罗斯和美国也有种植。香菇的商业市场很大，并且仍不断扩大中。最初它们是种植在树干上的，但在过去的十年里，自从种植者开始使用袋装锯末，美国香菇的产量大幅增加。用锯末种植香菇可以缩短栽培周期、确保全年产量。现在你甚至可以买一个小工具箱，自己在厨房里种香菇。

另一个主意是用平菇做蘑菇干。肉干在美国是一种很受欢迎的户外小吃，通常由干的、腌制的和调味过的肉条制成。要用平菇做素食干，首先要将平菇条用酱油、枫糖浆、苹果醋、橄榄油、辣椒粉和盐腌制。在烤盘上摊开，在 120℃下烘烤 1~2 小时，时不时进行搅拌。平菇干略带甜味和辣味，一旦你尝过它，就很难停止。

用芝麻油和酱油烤蘑菇

烤蘑菇无疑是开胃菜的最佳选择，做法简单又美味。亚洲调味品，如芝麻油（一茶匙）和酱油（一汤匙）与切碎的大蒜和欧芹混合在一起。如果你有蘑菇酱油，可以用来代替普通酱油。商店买来的蘑菇或发泡的香菇都适用于这个食谱。取下蘑菇柄，把蘑菇倒过来放在烤盘上（这样就能看到蘑菇的菌褶了）。在每个蘑菇上放一茶匙混合酱料，然后将蘑菇放入125℃的烤箱中烤大约20分钟，浓郁的味道就会飘散出来。这些蘑菇也可以作为自助小食的一部分。

蘑菇酱

蘑菇酱的好处之一是可以提前备好。当然，作为开胃菜，其经典吃法是将蘑菇酱配上吐司或硬皮面包，但蘑菇酱也可以作为野餐或非正式午餐，用来搭配三明治。若要显得优雅一些，可以加入冷切肉和奶酪。这道菜也可以供素食者食用。

制作蘑菇酱，可以使用新鲜的蘑菇和发泡香菇的混合物，还需要一些葱头、一把杏仁、雪利酒、白味噌酱（日本超市或其他亚洲超市有售），以及发泡香菇的水。首先，把杏仁放在干锅里烤至香味散发出来，然后取出备用，——小心，别让它们烤焦了。然后把锅里的油加热，放入蘑菇翻炒，加入味噌酱和发泡香菇的水，用小火煎至液体全部蒸发，加入雪利酒，把锅从炉子上取下来。在另一个平底锅里将油加热，用小火炒葱，将炒熟的葱放入蘑菇中进行混合、搅拌，加入盐和胡椒粉调味，再加点味噌，这样蘑菇糊就做好了。把它放进冰箱里，半小时后就可以上桌了。蘑菇糊也可以单独作为一道主菜。

腌蘑菇

腌渍是处理剩余的蘑菇很好的方法，尤其适合品相良好的小蘑菇。腌渍的蘑菇可以与许多主菜搭配，它们辛辣的味道能很好地衬托出黄油和奶油调味汁的丰富性。把野生蘑菇（美味牛肝菌或鸡油菌）放在平底锅里翻炒，将蘑菇里的液体逼出来，加入切碎的青葱和少许油，再用一份香醋和三份橄榄油制成香醋沙司。把蘑菇倒入，用盐、香料或香草调味，用勺子将其全部舀到一个干净的罐子里，在冰箱里冷藏至少 24 小时。上菜之前，记得撒上大量的帕尔玛干酪或瑞典西博滕奶酪的薄片。

烤蘑菇

如果你想把蘑菇作为主菜，烤蘑菇也许是个不错的选择。最好先预热烤箱，预热时温度设为 160℃，然后在烤盘里铺上烤盘纸。在平底锅里加热一大汤匙橄榄油和 15 克黄油，将一个洋葱和两根切得很细的芹菜茎轻轻煎 5 分钟。加入两瓣切碎的大蒜和 200 克新鲜蘑菇切片，继续煎约 10 分钟。再加入一个切碎的甜椒和一个磨碎的胡萝卜，炒 3 分钟左右，然后分别加入一茶匙牛至粉和烟熏辣椒粉。现在，是时候把 100 克红扁豆、两大汤匙番茄泥和 300 毫升蔬菜汤加进去，小火慢炖，直到汤汁全部被吸收。把锅放在一边冷却。最后，加入 100 克面包屑、150 克粗切碎的混合坚果、3 个大鸡蛋、100 克奶酪（最好是熟成的，如帕尔玛干酪或类似的奶酪）、一把切碎的欧芹、盐和胡椒粉，搅拌均匀，转移到烤箱里，盖上锡纸，烤 20 分钟。然后取出锡纸，再烤 10 到 15 分钟，直到烤出的蘑菇摸起来很结实，待冷却后即可食用。

蘑菇酱汁

我最近做了一份非常成功的蘑菇酱慢烤小牛肉。小牛肉很好吃，但是酱汁画龙点睛，使它成为家喻户晓的美食，我的客人最后多吃了一份肉，只是为了多吃点酱汁。

首先，尽可能多地把干蘑菇泡在用来烤小牛肉的平底锅里，烤羊肉或牛肉都可以。使用同一个平底锅意味着最后的汁或肉屑都将直接进入酱汁。把锅放在煤气灶上，开小火，加入小牛肉和蘑菇。炖大约 10 分钟后，加入黄油和奶油等乳制品。因为我冰箱里有鸭油，它是用来做酱汁很好的油脂，所以我用它代替黄油。我用搅拌机把蘑菇块打成光滑的酱汁，搅拌时无需加入面粉使汤变稠，因为蘑菇自己就能做到这一点。最后，加入了一大汤匙芥末。我在酱汁里既没有放葱，也没有放任何酒精，这样做也没问题。上桌之前，我还加了一些胡椒粉。

香乳菇[①]

切开香乳菇的菌褶，会看到乳状液体渗出。在挪威，人们常常在松树或冷杉树下可以轻易找到可食用的香乳菇，因为它们拥有牛

① 几种密切相关的实用乳菇属的通称，因其独特的香味在烹饪时常作为调味料。

奶光泽的橙色菌盖。这些可食用的香乳菇很受欢迎，不仅采蘑菇的人喜欢吃，虫子也喜欢吃。所以采摘香乳菇面临的挑战是先于虫子找到它们。在挪威有许多不同颜色的香乳菇，有时香乳菇与空气接触会变成紫色，有时香乳菇可能呈粉红色、黄色、白色，甚至无色，清澈如泪。除了颜色，一些挪威本土的香乳菇品种也会有非常独特的气味。

有一种主要生长在美国的香乳菇拉丁名叫作 *Lactarius rubidus*，该物种生长在加利福尼亚海岸附近。经干燥后会散发出枫糖、焦糖、茴香和咖喱的味道。在加利福尼亚，香乳菇的季节从 1 月开始，当地的真菌学会会安排特别的探险队来寻找这种早熟的蘑菇，代表着一个蘑菇季的开端，就像挪威人在 5 月底或 6 月初进行口蘑探险一样。2012 年，研究人员发现了这种香乳菇独特香味的来源——葫芦巴内酯。这是一种有机化合物，量少时闻起来有枫糖、雪利酒和焦糖的味道，高浓度时则有咖喱的味道。用一根手指在这种香乳菇的菌盖上划过，你会注意到表面有点小疙瘩，就像小柑橘的表皮。这是鉴别它的重要线索，因为在其他方面，这种香乳菇只是一个不起眼的棕色小蘑菇。

我早就梦想着弄到一些香乳菇来做甜点。当我这么说的时候，很多人表现得很惊讶，因为大家普遍认为烹饪所有蘑菇都只需要一点盐和胡椒调味，就到此为止了。对认同这一想法的人来说，用蘑菇做蛋糕或甜点的想法是匪夷所思的，但这只是因为他们从未尝试过。搬到挪威之前，我一直把鳄梨和甜点联系在一起；在马来西亚的家里，我经常把鳄梨和棕榈糖一起吃。同样，甘草也不仅仅是制作糕点糖果的调味品。在专门的甘草店，有甘草粉出售，可以试着撒在牛排上。所以当我意识到蘑菇可以用来做甜点的时候，我不得不试一试。

在互联网上有大量的美国食谱和图片介绍加了香乳菇的冰激凌、意式奶冻、生奶油、焦糖布丁、奶油煎饼、饼干和其他甜食。你不需要把香乳菇干发泡，只需碾碎，与其他干原料混合。不过要小心，不要用过多的香乳菇，因为这样味道可能相当苦。制作一个 23×8 厘米的芝士蛋糕，5 克香乳菇干就足够了。我了解的香乳菇甜点的相关描述都提到它们没有蘑菇的味道，而是具有类似枫糖浆的味道，这种味道会长时间地留在舌头上。我迫不及待地想用这种来自加利福尼亚稀有迷人的蘑菇做实验，所以当我设法从美国西海岸弄到几克香乳菇干时，简直高兴极了。

后来我发现至少还有另外两种香乳菇可以做同样的事情，其中一种浓香乳菇（*Lactarius camphoratus*），实际上就生长在挪威。香乳菇这个名字似乎是对乳菇科的几个成员笼统的称呼，它们都有一种芳香的气味，特别是在干燥的时候。加利福尼亚州的香乳菇闻起来有枫糖浆的味道，挪威的香乳菇闻起来更像咖喱。挪威人没有吃香乳菇的传统，它被认为是不能食用的。根据布·尼伦（Bo Nylén）所著的广受欢迎的瑞典野外指南《北欧的蘑菇》，这种香乳菇初闻时味道是温和的，但会越来越强烈。然而，在谷歌上快速搜索 *Lactarius camphoratus* 就会发现，这种蘑菇在其他国家也有人食用，比如晒干后用作汤和酱汁的调味品。这很可能是另一个可食用菌类的国家差异的例子。在英国，浓香乳菇作为烹饪原料出售，名为咖喱香乳菇，在中国也有销售。想到我可能花了一大笔的钱买了一种美国的蘑菇，而这种蘑菇在国内却供应充足，就让我很恼火。

鸡油菌和鸡油菌屑的杏仁冰激凌

我不得不尝试一下这个食谱，因为自从我开始对蘑菇产生浓厚的兴趣以来，鸡油菌的杏子香气就一直吸引着我。

首先是制作鸡油菌蜜饯。为此，你需要一杯食糖、一杯水和一根肉桂棒，水烧开后，加以上原料煮成糖浆，再加入两杯切成薄片或丁的新鲜鸡油菌煮 10 分钟。把锅从火上移开，取出肉桂棒，过滤糖浆，把鸡油菌放在一张防油纸上晾干。现在蜜饯蘑菇就完成了，它可以作为储藏室里的神秘完美配料，随时准备击败你的烹饪对手。

等鸡油菌晾干的时候，你就可以开始制作冰激凌了。将一杯牛奶、一杯浓奶油和一杯新鲜鸡油菌倒入锅中，再加入少许新鲜薄荷，轻微加热。或者用三分之一杯的鸡油菌，然后加入五六个切碎的杏干，在另一个碗里打散半杯糖和两个蛋黄，当牛奶和奶油混合物刚刚开始沸腾时，把锅从火上移开，将薄荷盛出来倒掉，慢慢地把混合物从锅里倒进盛着糖浆和蛋黄的碗里，并不断搅拌。然后把整碗东西倒回平底锅里，重新轻微加热，加入磨碎的半个柠檬皮，继续搅拌，小心不要让混合物烧焦和沸腾。混合物逐渐开始变稠后关火，冷却后放入冰箱。大约 2 个小时后，将混合物倒入冰激凌机中，吃的时候再加一小块糖果做装饰。

“Dogsup”

作曲家约翰·凯奇（John Cage）[①] 不仅喜欢采蘑菇，还喜欢烹饪蘑菇，并且把一种自创的番茄酱版蘑菇食谱（catsup）称为“dogsup”。

这道食谱的原料包括：食用菌、盐、姜、月桂叶、辣椒、黑胡椒、肉豆蔻、甜胡椒和白兰地。把蘑菇头切成小片、菌柄切成小块备用，将蘑菇放入碗中，每 500 克蘑菇加入一汤匙盐，放置在阴凉的地方三天，定时搅拌和翻转。第三天，倒入平底锅，加热大约 30 分钟，把蘑菇里最后的汤汁逼出来，过滤掉液体，放入食品加工机中搅拌。用姜末、肉豆蔻、月桂叶、黑胡椒、甜胡椒和少量辣椒制作酱汁。把蘑菇和酱汁混合在一起，煮到汤汁减少一半，加一汤匙白兰地。

当我看到凯奇的食谱时，想到了“蘑菇酱油”，一些挪威的蘑菇爱好者制作并使用它作为普通酱油的替代品。凯奇更喜欢黏稠的蘑菇，所以过滤掉汤汁后，他没有扔掉蘑菇。这两个版本的烹饪方式都能为菜肴增添魅力。

浴室秤

艾尔夫死后，我体重一度疯狂下降，而现在又慢慢涨回来了。一开始我对此不甚满意，但后来突然意识到这可能是个好兆头。浴室里

---

① 约翰·凯奇是美国先锋派古典音乐作曲家，阿诺德·勋伯格的学生。他最有名的作品是 1952 年作曲的《4′33″》，全曲三个乐章，却没有任何一个音符。他同时是一位蘑菇专家。他曾经在一本书中读到，“catsup”是一种稀番茄酱。由于他喜欢浓稠的酱汁，所以他称自己的食谱为“dogsup”。这是用任何一种食用蘑菇都可以做的酱汁，但在食用前必须至少保存一年。

的秤发出了响亮而清晰的信号，表明我的体重正在恢复……同时恢复的，还有我的生命。

离婚与死亡

艾尔夫死后，我和一位女性朋友进行了多次坦诚的交谈，她是一位敢于面对自己的婚姻已经结束的女士。她用令人心碎的语言告诉我在搬出自己房子前的最后一个晚上，是如何从一个房间走到另一个房间，向房间道别的。她觉得自己好像被赶出了营造多年的家。我对离婚知之甚少，但我和我的朋友在各自的处境中发现了许多共同点，以及许多不同之处。有没有可能比较和衡量不同经历中的损失呢？离婚比丧偶更糟吗？在离婚过程中，双方会有怨恨、羞辱、羞愧或内疚的感觉。我的朋友还必须接受两人形同陌路的结果，以及她和前夫对两人过往问题的不同解读。

“如果他死了，也许会更容易些。”她曾低声说。

拉丁语课

作为一个菜鸟，我有无数的东西需要学习。我给自己已经能够识别的蘑菇拍照，查阅书籍和互联网，并与经验丰富的蘑菇采集者交谈。专家们是怎么鉴别出这么多物种的？他们的依据是什么，有什么特色？虽然没有官方的竞赛来决定谁是最棒的蘑菇采集者，但是任何人只要能识别出一种别人无法识别的蘑菇，就会很快赢得尊重。我的同伴都拥有着广博的知识，这给我留下了深刻的印象，感觉自己就像是被巨人包围了。在我看来，那些熟悉蘑菇学名的采集者，有一种随口就能说出蘑菇学名的本领，这项本领提高了他们在知识体系中的地位，我相信在其他人眼中也是如此。当我听说蘑菇检测员的考试只需要知道蘑菇的俗名时，松了一口气，因为我永远也学不会拉丁文或希腊文组成的学名（拉丁学名通常来源于希腊语）。对于一开始的我来说，为什么人们会花时间和精力去学习它是一个谜。

从那时起，我开始慢慢意识到，熟悉蘑菇的学名有很多理由。例如，如果你已经能够准确识别一个物种，但是决定再次检查时用谷歌搜索这种蘑菇的俗名，你只会得到有限的信息和图片。但是如果你输入学名，会得到很多信息。这是因为每个国家都有自己的蘑菇俗名，即使是在斯堪的纳维亚半岛，它们也会有所不同。挪威用的蘑菇俗名不一定在瑞典或丹麦通用。美味牛肝菌在英国被称为Penny Bun，在美国被称为King Bolete，在法国的叫作Cèpe，在意大利叫作Porcini，而它的学名只有一个，叫作*Boletus edulis*。为了便于在社交媒体上或者参加国际活动与其他蘑菇爱好者交流，了解蘑菇的学名是至关重要的：精通蘑菇拉丁学名绝不仅仅是一种卖弄。

当然，你可以记住所有蘑菇的学名而不知道它们的意思，但如果你知道它们指的是什么，那就更有趣了。每一条真菌学知识都有助于理解每一种蘑菇，而蘑菇的学名在其中起着关键作用，这通常是区分真菌特征的重要线索。例如，幼嫩的裸香蘑无疑是浅蓝色的，但无论是幼嫩的还是已经老了的裸香蘑，它的学名都叫作*Lepista nuda*，完美地描述了它菌盖表面的形貌。拉丁语词汇nuda是nudus的女性形式，意思是裸体，裸香蘑的菌盖视觉和感觉上都像裸体皮肤。"裸体"和"裸体主义者"这两个词也是从这个词根来的，了解蘑菇拉丁学名也是学习单词及其历史的一种好方法。

裸香蘑经常会长出蘑菇圈，它特有的蓝色色调，看起来像是只有在魔法森林里才能找得到。事实上，它就生长在普通的森林和花园草坪上。很多人爱吃裸香蘑，他们会先焯水，然后晾干了油炸。我遵循这个麻烦的做法，并尝试吃了一点，结果证明裸香蘑的口味不适合我。这个结论可能是被我的第一位蘑菇老师的描述所影响，他曾经说裸香蘑闻起来像烧焦的橡胶，尝起来像猪腰子的味道。后来，我发现生长在山毛榉林中的裸香蘑味道很好，不像生长在银杉树下的同类。因此，遇见裸香蘑给我带来了三重快乐。首先，我很高兴发现了一种新的蘑菇；然后，我把它送给了一个喜欢吃裸香蘑的朋友作为惊喜；最后，我非常高兴学会了它的学名。

给初学者的蘑菇拉丁名指南

学习蘑菇拉丁学名并不像你想象的那么难，有一位耐心的老师是必要的。我与蘑菇专家和拉丁语学者奥利弗·史密斯（Oliver Smith）进行了多次交谈，他让我对分类学的隐藏世界有了全新的认识。分类学术语“科”和“属”并不像有些人认为的那样可以互换。对蘑菇的研究经历告诉我，在生物学上区分这两个术语非常重要，这两个术语在分类学层次中分别表示不同的等级。有时我提到蘑菇的“类型”时会拿捏不准，或者混淆了生物谱系中的不同等级。这种不准确会让一些蘑菇专家翻白眼，如果你幸运地遇到了有耐心的专家，他会再一次给你讲授正确的用法。

当分类学的研究处于初级阶段时，科学家们主要依赖宏观观察，即肉眼所能看到的特征。接下来是对蘑菇孢子的微观研究，认为孢子就像个体的独特“指纹”。然而事实上，即使用非常先进的显微镜，也不一定能够轻易确定一个物种。在这里，经验和有根据的猜测也起了很大作用。随着扫描电子显微镜（SEM）和DNA分析技术的引入，物种分类的研究迅速发展，蘑菇的学名也随之变迁。一位一生都在采集蘑菇的女性朋友告诉我，她采了一种在挪威语中称之为 *vårmusseronger* 的蘑菇，我想这是一个相当滑稽的名字。但问题是，我在蘑菇指南中找不到任何关于这个名字的信息。最终我意识到 *vårmusserong* 是现在被称为口蘑（*Calocybe gambosa*）的旧名。混淆的原因是该物种过去被称为*Tricholoma gambosa*，但后来被重新命名。这样的事情经常发生，即使是现代确立的“科”也会有新成员到来，或者老成员离开，属名会改变，有时连种名也会改变。有趣的是，不管拉丁名怎么变，口蘑的英文俗称一直是 St George's mushroom。

《国际植物命名法》（ICN）所制定的有关物种命名的规则，确保了每一物种的独特地位。一个学名有两个部分：前面是属名，然后是种名，属名和种名一起构成了这种蘑菇的学名，两者都应该用斜体书写。我总是把蘑菇的属名看作是它的姓，而把它的种名当作名。这对我来说非常有意义，因为在我的出生地——中国——的传统中，姓氏是放在前面的。属名的首字母总是大写的，而种名可以描述一个物种的任何显著特征，颜色、形状、气味、味道、大小等。

颜色和形状

种名中提到的颜色通常与菌盖和菌柄的外观有关，但也可能受到菌褶、孢子甚至蘑菇的汁液的启发。比如说，黑红菇的学名是*Russula nigricans*。它是红菇属的一员，它的种名 *nigricans* 源自于 *niger* 一词，是拉丁语“黑”的意思。在这种情况下，蘑菇的俗名和学名都与它的颜色有关。黑红菇未成熟时呈肮脏的橄榄褐色，刚成熟的时候看起来像烧焦的颜色，老了后则是烟熏黑色。它是一种结实的、肉质的蘑菇，通常埋在地里。

快速浏览一下野外指南，你会发现许多其他的例子，它们都是由蘑菇的颜色衍生而来的。橙黄网孢盘菌的学名是 *Aleuria aurantia*。*aurantia* 这个词来自拉丁语 *aurum*，意思是黄金。橙黄网孢盘菌是一种美丽的小蘑菇，有着优美的杯形，在乡村的小路旁密集地丛生。它是可食用的，但没有多少肉，所以也许留下来装饰小路更好。每次我看到这些蘑菇，都想知道是否有可能把它们镀银并做成耳环，要知道它们蜿蜒的杯状形状看起来很有现代风格。血红色钉菇的学名叫 *Chroogomphus rutilus*，它的种名 *rutilus* 在拉丁语中的意思是红色的，带红色的或红金色的。这种蘑菇有一个坚硬的塞状菌柄，油炸时几乎会立刻变成甜菜根般的红色，如果你吃了很多血红色钉菇，第二天尿液甚至也会变成红色。事先知道这一点是有好处的，以免认为自己尿血。血红色钉菇是一种结实的蘑菇，在菌盖的中央有一个小凸角，我认为它很好吃。只要找到一个血红色钉菇，很有可能你会在旁边发现更多它们的身影。

海绿丝膜菌（*Cortinarius venetus*）这种蘑菇的 *venetus* 一词意思是蓝绿色或海蓝色。奥利弗·史密斯提醒我意大利的城市威尼斯（Venice）与之来自同一个拉丁词根。这种蘑菇最吸引人的地方是它可以用作染料。如果你用它染一双白色羊毛袜，羊毛袜在白天看起来是绿色的，但在迪斯科的灯光下则会发光。事实上，这种蘑菇本身看起来既不蓝也不绿，而是暗褐色，略带橄榄绿。因此，在这个例子中，挪威人对海绿丝膜菌的通用名叫作 *grønn slørsopp*，字面意思是“绿色遮掩的蘑菇”，它比学名更为贴切。类似的例子还有紫蜡蘑（*Laccaria amethystina*），它的种名描述的是它的颜色，一种宝石般的深紫色。大多数人以为蘑菇不是白色就是棕色，第一次看到紫蜡蘑都会大吃一惊。这种小蘑菇的每一部分都是紫色的：菌盖、菌褶、菌柄，甚至把它切成片，你会看到它的肉也是紫的。这是另一种看起来更像魔法森林里的蘑菇，而不应该出现在一片松林中。

血红乳菇的学名叫作 *Lactarius sanguifluus*，是一种鲑鱼粉色，带有红色分泌物的蘑菇。因此它的种名源自 sanguis，在拉丁语中是血的意思。法国有一种牛排的名字叫作 saignant，来自同一个词根。我在西班牙的市场上见过一大筐血红乳菇，在那里人们认为这是一种美味。在国外的商店和市场摊位上看到出售野生蘑菇是一种很好的体验，那里供应不同种类的蘑菇，它们的质量会被清楚地标明，顾客比挪威的更有鉴赏力。我很遗憾地说，在挪威这个国家，我只见过鸡油菌和其他林地蘑菇在时髦的蔬菜水果店里以高昂的价格出售，而且质量很差，只能被扔进垃圾箱。生长在挪威的可食用的乳菇分泌的液体往往是胡萝卜般的红色，如果你用刀锋划破它们的菌褶，它就会流出来。不可食用的血红菇（*Russula sanguinea*）有一顶鲜红色的菌盖。它的柄很硬，有水果的气味，如果你敢尝一下的话（我从来没有试过），它是辣的，而且有点苦。

在我居住的社区，最轰动的故事之一是关于一种蘑菇，它被认为已经灭绝了 70 多年，但在 2009 年被重新发现。这种复活的蘑菇叫作女巫大锅，学名为 *Sarcosoma globosum*。它的发现让人们蜂拥到奥斯陆西北部的林格里克，蘑菇爱好者至今仍会进行前往该地的神圣旅行。在外人看来，女巫大锅看起来像一个恶心的、黑色的、胶状的肿块。我很幸运地被邀请和一些关系很好的资深蘑菇爱好者去林格里克朝圣，我是小组里唯一一个没见过这种真菌的人，其他人只是迫切地想再看一看这奇观。女巫大锅不能食用这一事实对我的朝圣者同胞来说是无关紧要的。

铁杆的蘑菇爱好者总是渴望知识，他们不仅对采集食用菌感兴趣，而且对所有真菌都有深入的了解。有些人似乎觉得，把时间和精力投入到真菌事业上才是人生的最终目的。对他们来说，只把蘑菇当作食品来感兴趣有点低俗。我花了一段时间才意识到，问一种蘑菇是否可以吃意味着要冒着被贴上“低级吃货”标签的风险。当我和一些真正的铁杆蘑菇迷在一起时，问这个问题就会非常小心。虽然我喜欢吃蘑菇，但我也是一个认真的蘑菇采集者，现在我正在去看女巫大锅的路上。

我们跟着当地导游走进了林格里克森林。女巫大锅出现在春天，它丰满的杯形和黑色的色调似乎是大自然完美的杰作，以捕捉第一缕阳光。

鸟儿的鸣叫宣告着 5 月已经降临，空气中弥漫着淡淡的树叶和春天的气息，但我不确定是否有人注意到这些，我也不认为有人会注意到沟渠里的荨麻，它们都长得很高，这种迎春的草叶正好可以摘下来做一碗独活草汤，上面放一个水煮鸡蛋。更不用说附近生长的香菜了，这种淡绿色的小花丛香菜是挪威宪法日特制汤中最好的原料。随着大奥斯陆真菌和有用植物学会专家们的脚步，我现在明白了人们把森林描述为宝库的含义。那些嫩嫩的芽，我以前只把它们当作兔子的口粮，现在却成了餐桌上珍贵而富有营养的佳肴，可以在短暂而紧张的春天里采摘。在林格里克森林的中心，每个人都肃静而专注，而我，也正因悬念即将揭晓而颤抖。

一开始我没有看到女巫大锅，但后来我们的向导指了指树下一个又大又黑的圆东西。看呐！它们就在那里，不只是一个，而是一整堆女巫大锅，大小、形状、成熟度各不相同。大多数都有橘子那么大，里面好像装了一种黏糊糊的物质，包裹在一个黑色的皮革壳里。蘑菇的顶部微微颤动，像半凝固的果冻，这是我见过的最奇怪的东西。

种名也可能来自蘑菇的形状。女巫大锅是球形的，因此种名叫作globosum，拉丁语的意思就是球状的。它可以长到像网球一样大，但通常只有几百克重。我听说瑞典的孩子们把蘑菇像煤球一样互相扔来扔去。不过当女巫大锅裂开时，黑色的黏糊糊的液体会喷出来，弄得周围脏兮兮，这似乎就不太有趣了，也不那么受欢迎。一些瑞典面包师甚至制作女巫大锅形状的巧克力软糖，对于每一个喜欢吃蘑菇和巧克力的人来说，这些绝对值得去瑞典一趟。

球状白丝膜菌的学名叫 *Leucocortinarius bulbiger*，它有一个奇怪的球茎菌柄。拉丁词 bulbus 的意思是“洋葱形”，这是对这种蘑菇的菌柄的完美描述。更生动的例子是挪威对这种球状白丝膜菌的通用名：*klumpfotsoppen*，字面意思是“畸形脚蘑菇”。我从来没见过这种罕见的有着奇怪脚的蘑菇。希腊语中表示脚的单词是 *pous*。在蘑菇的种名中往往会变成 *pus*。同理，美丽且辛辣的丽柄美牛肝菌的学名是 *Boletus calopus*。*calo* 的意思是美丽，*pus* 的意思是脚。如果你曾经见过丽柄美牛肝菌，你就会明白，它有着红色的菌柄，上面覆盖着粗糙的网状图案。

奥利弗·史密斯带着一个旧帆布包出现在我们的一次拉丁语课上，从背包里慢慢地拿出一个冻干的灰鳞环柄菇（*Echinoderma asperum*）。他用手指轻轻地旋转着，一句话也没说。*aspera* 是拉丁语中“粗糙”的意思。由于冷冻干燥，灰鳞环柄菇有点变小了，但它菌盖上的疣状深褐色的鳞片仍然清晰可见。史密斯旋转着蘑菇，让我注意一下它的菌褶有多苍白。这就清楚地表明，这不是一个大紫蘑菇。灰鳞环柄菇和大紫蘑菇很容易混淆，这是他看到别人犯过的一个危险的错误。大紫蘑菇有一种高贵的味道，而灰鳞环柄菇并不适合人类食用。这两种蘑菇的菌盖上都有棕色的小鳞片，但它们的相似之处也就仅仅是这一点。

气味、芳香和大小

除了形状和颜色外，蘑菇的种名还可以表示它的气味和芳香。香杯伞的学名叫作 *Clitocybe odora*，闻起来有强烈的大茴香味，我听说有人把这种蓝绿色的蘑菇浸泡在酒精中，希望能制成一种优质的烈酒。拉丁语中 *odor* 一词的意思是气味或芳香，因此香红菇（*Russula odorata*）有一种独特的气味并不令人惊讶，它有一种水果的芳香气味，每个闻过这种蘑菇的人都能证明这一点。

蘑菇的种名中很多指的是大小。例如，极小地星的学名是 *Geastrum minimum*，拉丁语 *minimus* 的意思是最小。第一次看到极小地星时，我立刻想到圣诞节的装饰品。顾名思义，这种蘑菇有着独特的星球形状。令人惊讶的是，竟然没有人想到给它们喷上金色涂料，然后在高档家居装饰商店里高价出售。另一个极端，有一种蘑菇叫作大秃马勃，学名是 *Calvatia gigantea*。拉丁语 *gigantem* 意思是巨大的或非常大的。大秃马勃是一种圆球形的白色蘑菇，任何孩子都无法抗拒去踢它的冲动。它成熟时会爆炸，释放出大量成熟的孢子。如果你找到的是一个内部还是白色的、未成熟的大秃马勃，可以把它切成片，蘸上鸡蛋和面包屑，然后油炸。大秃马勃可以长到南瓜大小，在被运到厨房之前，要用汽车安全带把它固定好。有一次，我被邀请加入当地学会的一个小组，去奥斯陆峡湾的比约克岛探险。这次旅行的目的是寻找蜜环口蘑（*Tricholoma colossus*），这是一种非常罕见的蘑菇，已被列入红色名录。它的种名已经说明了它的尺寸。经过长时间的搜寻，我们最终在一条蜿蜒曲折且非常陡峭的小路尽头发现了一个蜜环口蘑。蜜环口蘑的菌盖是圆形的，坚固而紧凑，宽度可达 25 厘米。

另有一种并不罕见的大蘑菇叫作高大环柄菇，学名 *Macrolepiota procera*。高大环柄菇很容易辨认，因为它又高、又细、又直，正如单词 *procera*（意思是长和高）。它从未在奥斯陆出现过，但在奥斯陆峡湾西侧却很常见。除挪威以外，我在法国科西嘉岛的海滩上也发现了它。那是真菌学会议的最后一天，在晚宴前我们有一点空闲时间。夜幕渐渐降临，地中海的阳光依然灿烂。海滩上有些荒芜，只有一两个跑步者。显然，奔跑的狂热氛围已经蔓延到了科西嘉岛，这里以农业和渔业闻名，也是拿破仑的出生地，这些跑步者是否代表着大陆的繁荣又一次从利古里亚海流向科西嘉岛？

这正是艾尔夫会谈论的问题。自从他去世后，我每次坐飞机都会凝视窗外的云彩。我是一个既不相信天堂也不相信地狱的人，但却试图在天空中寻找他，我知道这完全不合理。

会议第一天晚上的节目是关于生长在沙滩中的蘑菇的演讲。科西嘉岛上的沙滩蘑菇与挪威的 *sandsopp*（字面意思是“沙蘑菇”）完全不同。挪威的沙丘蘑菇的学名叫作 *Suillus variegatus*，人们称之为杂色乳牛肝菌，主要生长在远离海洋、营养贫乏的针叶林中。我还没有机会好好探索科西嘉岛的海滩，但我暗地里希望在离岛之前能在沙滩上找到蘑菇。由于蘑菇生长必须从某种东西中获取营养，最好的办法是去找散布着海藻、海带和地中海多肉植物（像仙人掌这样的绒毛植物，但没有刺）生长的地方。首先，我们发现了一些长相奇怪的海滩植物，谁也不认识它们。突然，我发现了一个高大环柄菇，它就生长在那些海滩植物中间。这种蘑菇的菌柄高度可达40厘米，菌盖直径可达30厘米，菌柄上有一个独特的锯齿状蛇皮图案，上面有一个可以上下滑动的双环。高大环柄菇是一种很受欢迎的食用菌，我听说可以像牛排一样油煎吃，或者蘸上鸡蛋和面包屑再油炸，它也是素食者的最爱。我几乎高兴地跳了起来，我们踩在了那些海滩植物上，它们能承载我们一行人，大家从各个角度开始拍照。夕阳的余晖仍然刺眼，我们一行人不得不站在前面，充当遮挡光线的屏风。我们都知道，如果你找到一个蘑菇，很有可能会在周围找到其他蘑菇。事实证明我们是对的，不远处我们便发现了一个毒蝇鹅膏。看样子在科西嘉岛的海滩上，毒蝇鹅膏不需要桦树与之形成菌根关系，附近的柳树充当了这个角色。

不断给予的礼物

正如我们所见，如果你想和世界其他地方的蘑菇爱好者交谈，了解蘑菇的学名是必不可少的。所以蘑菇的拉丁学名不是一次性的资源，它是一个不断给予的礼物。

这让我想起有一次在朋友家吃晚饭，这是艾尔夫去世好几年后发生的事情。晚饭后，朋友让我从他的 Spotify[1] 播放列表中听了一些他最喜欢的歌曲。我那位酷爱音乐的朋友一遍又一遍地播放这些歌曲，就像一个上瘾了的 DJ。他对音乐的热情让我深受鼓舞，回到家后，我登录了自己的 Spotify 账户，自从艾尔夫去世后，这个账户就被遗忘了。

当我看到艾尔夫在他去世前和我分享了我们的播放列表时，我开始颤抖，脸颊开始发热，尽管我对此没有任何记忆。

一下子，我有了长达几个小时的音乐可听，这些音乐都是艾尔夫精心挑选的。很明显，我以前没有听过这个播放列表，因为里面有很多意想不到的歌曲，这些歌曲对我来说都是全新的。能重新听到某些歌曲是好事，但能完整欣赏播放列表也很棒。这些艺术家和歌曲的共同之处在于，都与艾尔夫“交谈”过，当我意识到自己收获了多么巨大的一份礼物时，我心潮澎湃。每次听艾尔夫的播放列表都只听一小部分，好让音乐渗入我的身体的次数更多一些。

我按下了播放键，感谢这份祝福。

---

① Spotify 是一家在线音乐流媒体服务平台，目前是全球最大的音乐流媒体服务商之一。

天堂之吻

永远不要害怕冒险走出你的舒适区。这是我从人类学教授弗雷德里克·巴特(Fredrik Barth)那里学到的关于田野调查的重要经验之一。当你身处异国他乡时，总会忍不住好奇心，和遇到的第一个提供帮助的人持续交谈。巴特的观点是，应该一直努力与以前没见过的人交谈，并访问以前从未去过的地方，不断扩大数据量。只有如此，人类学家才能得出更有效、更令人信服的结论。

在很多方面，这也是我在内心迷茫时所采取的方法。虽然迷路艰险，时常在荒芜而未知的地方徘徊，但我现在明白了，虽然听起来很奇怪，没有直接找到前进的道路是件好事。有时候，不知道自己身在何处，反而会带来意想不到的快乐。不过有一个先决条件，那就是你可以忍受未知本身的考验。当你在寻找新的意义时，不断扩大你的舒适区并不是一个坏的策略。

很长一段时间我一直认为蘑菇成为我的救命稻草是一个巧合。当我开始采集蘑菇的时候，我仍然不能正常和其他人交谈，所以也许只能和安静的树林和沉默的蘑菇做伴？直到我从悲伤的隧道中走出来，我才准备好接受其他形式的活动。所以，仔细想想，也许这并不是什么巧合。

蘑菇改变了我的生活。当我去采蘑菇时，我是在寻找食物，但即使找到的是不可食用却有趣的蘑菇时依然很高兴。和新的菇友一起去新的蘑菇采集点也增加了人生体验。

在真菌王国漫步时，必须开启感官，调整思绪，我感觉到了新事物，渐渐成为了一个新的人。

采集蘑菇给我带来了一种心流的体验，这就是我所追求的那种与自然融为一体的感觉。为了生存下去，感受心流就是寻找意义，找到意义就足以平息并改变内心的风暴。

回首往事，我可以看到自己在悲伤的风景中走过，渐渐迈向新的春天。在我内心和外在的旅程中，生活悄悄地回来了，我也似乎重新看到了自己。“跟我们去瓦尔卡，Sturm und Drang[①] 今晚有演出，他们以前在奥斯陆探戈协会演出过，你知道吗？”

一个工作日的傍晚，我在街上碰巧碰到我大学时的教授，他对我发出了以上邀请。我刚刚下班，已经精疲力竭了，正期待着回家，尽管如此他还是说服了我。

瓦尔基里餐厅是奥斯陆西郊马约斯图拉一家老旧的酒吧，建于1912年前。我接受了教授的邀约，事实证明这是一个明智的决定，我已经很久没有这么开心过了。

当我们从街上走到温暖的地方时，关节已经冻僵。很多年前，在禁烟令颁布之前，我曾出于好奇对瓦尔基里餐厅进行过一次探访，但刚到门口就改变了主意。空气中弥漫着浓浓的烟味，酒吧的顾客们似

① Sturm und Drang 是来自芬兰的一支硬摇滚 / 旋律金属乐队，组建于 2006 年，成员来自同一所高中，均为“90 后”。

乎与灰色的墙纸融为一体。这不是我喜欢的地方。

这次情况完全不同。旧的桌椅还是乱七八糟的，但它们不再笼罩在烟雾中，有一支乐队演奏着活泼的吉卜赛音乐。酒馆里没有空座位，墙上挂着维利·勃兰特①和列夫·托洛茨基②的照片。顾客中有外交官，也有穷困潦倒的人，如果我的教授朋友不直接告诉我，我很难分辨出哪个是哪个。整体来说，观众的平均年龄和文化程度都较高，在这里说出拉丁语不会招来他人茫然的目光，但是当受欢迎的音乐响起时，欢呼声中没有任何刻板和沉闷的感觉。

五位音乐家的手边都有一个玻璃杯，他们正在用心演奏。小提琴手刚从奥斯陆爱乐乐团的一场音乐会回来，从市中心的音乐厅乘坐地铁可以直达马约斯图拉。瓦尔卡绽放着粗犷的魅力，人们鼓起掌来，大声地向乐队喊出他们的要求。他们似乎都认识这五个成员。偶尔，观众会被一些特别热心的歌迷吓倒，他们渴望听到某一首歌或某一段独唱的歌词。教授想听肖斯塔科维奇的华尔兹二号，他的愿望实现了。在后来几次参观瓦尔卡之后，我知道，在这里也可以很高兴地听到业余爱好者的展示，当 Sturm und Drang 中场休息的时候，业余爱好者带着乐器上台开始表演，更多的时候，他们则是在乐队结束了晚上的演出之后再自娱自乐。

听完演出的第一晚，我真正想做的是立即回家睡觉，但有些什么发生了变化，让我非常惊讶。在以前，出于习惯和礼貌，对所有的询

---

① 维利·勃兰特，德国政治家，曾任联邦德国总理。他是 1930 年后德国的首位社民党总理，在纳粹政权期间逃往挪威。

② 列夫·托洛茨基，布尔什维克主要领导人、十月革命指挥者、苏联红军缔造者和第四国际精神领袖。

问我都会说“是的，谢谢，我很好”，但现在我可以发自肺腑说出这些词。百叶窗已经升起，阳光倾泻而入。我需要出去晒晒太阳，沿着林中小路漫步，听沙砾在脚下嘎吱作响。只要时间足够，光明终会穿透最绝望的黑暗角落。

起初，这是一种身体上的感觉，一直压在我肩上的巨大的负担瞬间消失了。“被悲伤压得喘不过气来”这句话不是无缘无故产生的。就在那一瞬间，我感到自己的精神振奋起来。这让我想起了在医院输血的最初几分钟，在纯粹的喜悦中，氧气似乎在我的血管中涌动、翻转。

极度痛苦的时候，我像一块旧抹布一样没有一点闪光和活力，但现在我有了额外做几个俯卧撑和在杠铃上加负重的冲动。鸟儿们齐声唱起了歌，那是知更鸟在迎接黎明吗？空气中弥漫着春天的气息，雪开始融化，雪莲花和冬菟葵（*Eranthis hyemalis*）已经出现在法格堡公寓楼外的花园里。

终于，我的心跳和宇宙的心跳同步了，我的心终于可以再次微笑了，现在起床迎接一个美好的早晨已经不是难事。我向窗外望去，以崭新的视角看到了这个世界，我想成为其中的一部分。

现在我的悲伤不再排挤其他的一切，那么艾尔夫在哪里？

他是我心中的一个印记，将伴随我一生。

但我必须承认，我总是会多看一眼那些手牵手走过的情侣们，不是年轻人，而是那些更成熟的人。

极乐

我说“我失去了我的丈夫”，从这一点上大多数人都能理解我的丈夫去世了。但当我说“我的丈夫不在了”，我的意思是我在寻找他，他仍然是地球上生命的一部分，是我生命的一部分。我暗自希望，也许他会时不时地给我一个吻，或者向我挥手，以一种只有他才能想出的巧妙方式跟我互动。我从丧亲互助小组了解到，即使是最保守的无神论者和理性主义者，偶尔也感到他们的爱人就在身边。我自己也不止一次有这种感觉，我相信悲伤对大脑有影响，某些曾经难以置信的想法现在可以自由安排了。

事实证明，我找到的第一个羊肚菌仅仅是一次一年的奇迹。第二年，尽管我回去检查了两三次，但同样的花圃里没能发现任何一个羊肚菌，我只能接受自己的羊肚菌运气已经结束了。现在，我所有的希望都寄托在露台那张铺满树皮的培育床上，羊肚菌通常需要一两年时间才会冒头。

在菜园时我总是在培育床旁边吃早饭，这块露台是艾尔夫设计的，在他去世后我才修建好。原本这是我一个人无法完成的建筑项目，但如果露台能在新的一季开始时完工，那就太好了。露台面积虽不大，但那是为我量身打造的，有我们最喜欢的家具。早晨我可以坐在樱桃树下的白色旧长凳上喝粥，欣赏着花园里景色。艾尔夫说得对：这是理想的早餐地点，因为在这儿能被早晨的阳光温暖到。

一天早上，我坐在那里，突然间觉得有什么东西从培育床上的树皮里探出来。我不确定是不是邻居家地里枯萎的杜鹃花，所以我跑进屋去拿眼镜。当我看到不是一个，而是两个羊肚菌在那里破土而出时，我简直心花怒放。

一个星期后是艾尔夫的忌日。他死后，日历永远地改变了，除了我们的结婚纪念日和各自生日，现在还有其他的日子要纪念。某些日子在到来之前很长一段时间就会开始在脑海中亮起来了。

他的忌日就是这样的日子。在我的脑海里，倒计时开始了：最初是几周，然后是几天，最后是几小时，直到艾尔夫死去的那一刻。时钟嘀嗒作响，我发现几乎不可能再想别的事情。只有在那一刻之后，生活才能重新开始涌动。但那一年的忌日，我还没顾得上喝粥就戴上眼镜，跑到培育床前。艾尔夫给我发信号了吗？当我在那里看到第三个羊肚菌时，鸡皮疙瘩起来了。

那是绝对幸福的一刻，一切都消失了，除了我和羊肚菌，世界上什么也不存在。最后一个比另外两个小，那两个花了整整一星期才长出来，但这个细细长长，更加明显。其他人可能会感谢上帝或更加高深的力量，但我向在天堂认识的人致以温柔的问候，并感谢他的爱抚。

蘑菇密码

每个人都应该遵守的规则有且只有一条：

规则 1：如果你不确定蘑菇是否可以食用，就不要吃。

其余的规则就不那么重要了，它们只是我的个人建议。

规则 2：认真对待物种鉴定。当你是一名业余的采集者，急于寻找可食用的东西时，总有可能把森林里的蘑菇和你在野外指南中看到的蘑菇混淆。如果你和经验丰富的蘑菇采集者一同外出，向他们咨询建议总是明智的。专家们有时会有自己的识别技巧，这些技巧是你在野外指南中找不到的。

规则 3：时刻做好准备。在蘑菇季，我总是随身带着一些装备来摘蘑菇和放蘑菇。在挪威的 5 月到 12 月，我去任何地方都带一把蘑菇刀，没有什么比发现蘑菇却没有随身携带任何装备更糟糕的了。有些人喜欢用尽可能少的设备来处理，有些人则用 GPS 跟踪器、放大镜，甚至是珠宝商的放大镜来放大和检查有趣的细节。找到自己的风格，时刻做好准备。

规则4：千万不要把不明种类的蘑菇和你确定的蘑菇混在一起。如果你在所有好吃的蘑菇中发现了一种剧毒的蘑菇，那就不得不扔掉所有的蘑菇了。这将是一种耻辱。

规则5：在现场进行粗洗。可以避免大量污垢、沙砾和其他碎屑被带回家。我更喜欢带回家的蘑菇马上就可以上煎锅。

规则6：认真做好手部卫生。事实上只需要在湿苔藓上擦手就够了，这就是说你可以徒手拿一个致命的蘑菇，因为它们只有被吃了才是致命的。

规则7：参加当地协会组织的活动。这些活动将带你去新的采集点，让你有机会认识其他爱好者。

规则8：与比你更有知识和经验的蘑菇爱好者一起去采集。这是学习的最好方法，你知道的越多，从中得到的快乐就越多。

规则9：永远不要停止阅读、检索、上网、在社交媒体和其他地方参与讨论。

规则10：相信自己的判断。在有个人观点和解释空间的问题上，不要简单地相信你所听到的一切，即使是专家的话也不能全信。

拉丁名对照表

A

暗蓝斑褶菇 *Panaeolus cyanescens*
奥氏蜜环菌 *Armillaria ostoyae*

B

白鬼笔 *Phallus impudicus*
白林地蘑菇 *Agaricus sylvicola*
白条盖鹅膏 *Amanita chepangiana*
白鲜菇 *Agaricus bernardii*
半裸盖菇 *Psilocybe semilanceata*
北美独行菜 *Lepidium virginicum*
变黄喇叭菌 *Craterellus lutescens*
变绿红菇 *Russula virescens*
变形疣柄牛肝菌 *Leccinum versipelle*

C

草菇 *Volvariella volvacea*
橙黄拟蜡伞 *Hygrophoropsis aurantiaca*
橙黄网孢盘菌 *Aleuria aurantia*
橙黄小菇 *Mycena crocata*
臭红菇 *Russula foetens*
臭湿伞 *Hygrocybe foetens*
粗质乳菇 *Lactarius deterrimus*

D

大毒粘滑菇 *Hebeloma crustuliniforme*
大泡粘滑菇 *Hebeloma sacchariolens*
大秃马勃 *Calvatia gigantea*
大紫蘑菇 *Agaricus augustus*
毒鹅膏 *Amanita phalloides*
毒蝇鹅膏 *Amanita muscaria*
多汁乳菇 *Lactarius volemus*

F

粉红铆钉菇 *Gomphidius roseus*

G

H

J

K

L

M

绵羊状地花菌 *Albatrellus ovinus*
墨汁拟鬼伞 *Coprinopsis atramentaria*

N

黏盖乳牛肝菌 *Suillus bovinus*
浓香乳菇 *Lactarius camphoratus*
女巫大锅 *Sarcosoma globosum*

P

平菇 *Pleurotus ostreatus*

Q

漆亮蜡蘑 *Laccaria laccata*
浅灰香乳菇 *Lactarius gylciosmus*
浅脚瓶盘菌 *Urnula craterium*
浅赭色球盖菇 *Stropharia hornemannii*
球状白丝膜菌 *Leucocortinarius bulbiger*

S

散布粘伞 *Limacella illinita*
闪光盘菌 *Caloscypha fulgens*
蛇头菌 *Mutinus ravenelii*
似天蓝红菇 *Russula parazurea*
双孢蘑菇 *Agaricus bisporus*
四孢蘑菇 *Agaricus campestris*
松口蘑 *Tricholoma matsutake*
松乳菇 *Lactarius deliciosus*

T

土丘牛肝菌 *Boletus barrowsii*
土味丝盖伞 *Inocybe geophylla*
退紫丝膜菌 *Cortinarius traganus*

W

网纹牛肝菌 *Boletus reticulatus*
微红丝膜菌 *Cortinarius rubellus*
纹缘盔孢伞 *Galerina marginata*

X

香杯伞 *Clitocybe odora*
香菇 *Lentinus edodes*
香红菇 *Russula odorata*
香乳菇 *Lactarius rubidus*
斜盖伞 *Clitopilus prunulus*
血红菇 *Russula sanguinea*
血红乳菇 *Lactarius sanguifluus*
血红色钉菇 *Chroogomphus rutilus*
血红小菇 *Mycena haematopus*
薰衣草色丝膜菌 *Cortinarius camphoratus*

Y

烟云杯伞 *Clitocybe nebularis*
野蘑菇 *Agaricus arvensis*
硬柄小皮伞 *Marasmius oreades*
油口蘑 *Tricholoma equestre*

Z

杂色乳牛肝菌 *Suillus variegatus*
粘白蜡伞 *Hygrophorus cossus*
赭褐蘑菇 *Agaricus langei*
肿弯颈霉 *Tolypocladium inflatum*
皱皮丝膜菌 *Cortinarius caperatus*
紫柄红菇 *Russula violeipes*
紫蜡蘑 *Laccaria amethystina*

参考文献

Borgarino, Didier. (2011). *Champignons de Provence*. France: Edisud.

de Caprona, Yann. (2013). *Norsk etymologisk ordbok*. Oslo: Kagge Forlag.

Cook, Langdon. (2013). *The Mushroom Hunters: on the trail of an underground America*. New York: Ballantine Books.

Gennep, Arnold van. (2010). *The rites of passage*. Translated by Monika B. Vizedom & Gabrielle L. Caffee. London: Routledge.

Gulden, Gro. (2013). 《De ekte morklene》, i *Sopp og nyttevekster*, årgang 9, nr. 2/2013 (s. 28–33).

Høiland, Klaus and Ryvarden, Leif. (2014). *Er det liv, er det sopp*! Oslo: Dreyer.

Lincoff, Gary. (2010). *The National Audubon Society Field Guide to North American Mushrooms*. New York: Knopf.

Mauss, Marcel. (1969). *The Gift: forms and functions of exchange in archaic societies*. Translated by Ian Cunnison. London: Cohen & West.

Sopp, Olav J. (1883). *Spiselig Sop: Dens indsamling, opbevaring og tilberedning*. Kristiania: Cammermeyer.

Wasson, R. Gordon. (1980). *The Wondrous Mushroom: mycolatry in Mesoamerica*. New York: McGraw-Hill.

Weber, Nancy. S. (1988). *A Morel Hunter's Companion: a guide to the true and false morels of Michigan*. Michigan: Two Peninsula Press.

Wright, John. (2007). *Mushrooms: the River Cottage handbook*. London: Bloomsbury Publishing.

未出版的参考资源

挪威民族学研究报告（NEG），由挪威民俗博物馆改编。

裸盖菇素致幻水平列表，引自 www.shroomery.org。

蜜环丝膜菌 *Cortinarius armillatus*

绵羊状地花菌 *Albatrellus ovinus*

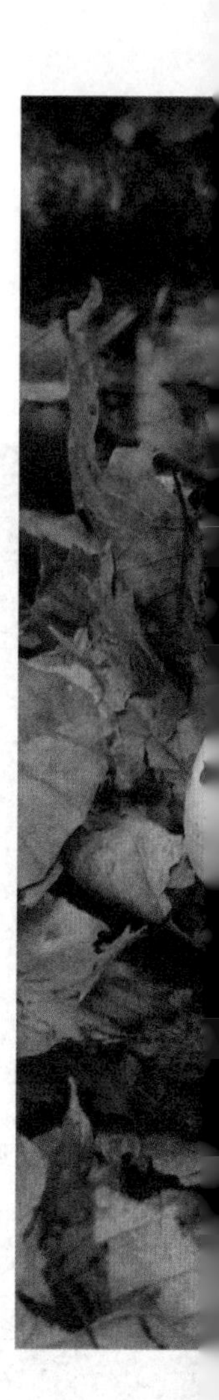

毒鹅膏 *Amanita phalloides*

鳞柄白鹅膏 *Amanita virosa*

喇叭菌 *Craterellus cornucopioides*

微红丝膜菌 *Cortinarius rubellus*

美味牛肝菌 *Boletus edulis*

大紫蘑菇 *Agaricus augustus*

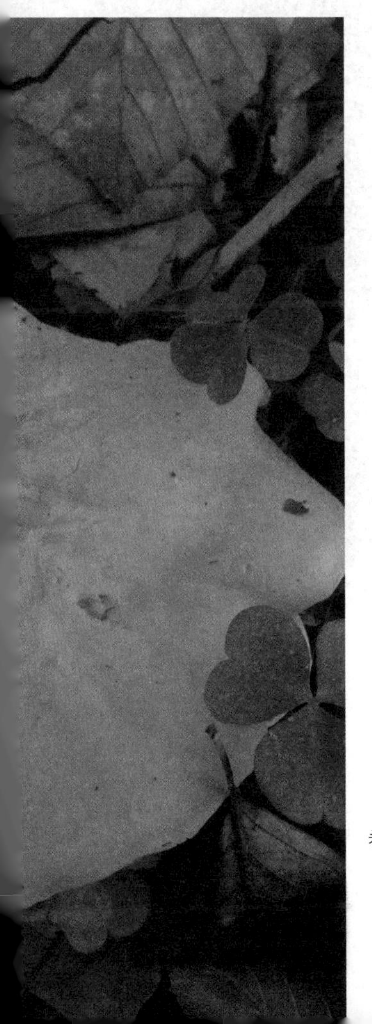

卷缘齿菌 *Hydnum repandum*

挪威蘑菇精选 *Et utvalg*

松乳菇
Lactarius deliciosus

变形疣柄牛肝菌
Leccinum versipelle

裸香蘑
Lepista nuda

毛头鬼伞 *Coprinus comatus*

高大环柄菇 *Macrolepiota procera*

尖顶羊肚菌 *Morchella conica*

毒蝇鹅膏 *Amanita muscaria*

女巫大锅 *Sarcosoma globosum*

半裸盖菇 *Psilocybe semilanceata*

口蘑 *Calocybe gambosa*

管形喇叭菌 *Craterellus tubaeformis*

松口蘑 *Tricholoma matsutake*

图书在版编目（CIP）数据

寻径林间：关于蘑菇和悲伤 /（挪威）龙·利特·伍恩著；傅力译．—北京：商务印书馆，2022
（自然文库）
ISBN 978-7-100-20964-9

Ⅰ. ①寻…　Ⅱ. ①龙…　②傅…　Ⅲ. ①蘑菇—普及读物　Ⅳ. ① Q949.3-49

中国版本图书馆 CIP 数据核字（2022）第 052761 号

自然文库
寻径林间
关于蘑菇和悲伤
〔挪威〕龙·利特·伍恩　著
傅　力　译

商　务　印　书　馆　出　版
（北京王府井大街 36 号　邮政编码 100710）
商　务　印　书　馆　发　行
北京新华印刷有限公司印刷
ISBN 978 - 7 - 100 - 20964 - 9

2022 年 7 月第 1 版　　开本 710 × 1000　1/16
2022 年 7 月北京第 1 次印刷　　印张 13½
定价：68.00 元